Carlos de Hita

PARQUES NACIONALES DE ESPAÑA

Paisajes sonoros

ANAYA TOURING

La batalla por la conservación debe continuar
sin fin. Es parte de la guerra universal entre
lo correcto y lo equivocado.

John Muir

Debemos tener a nuestra disposición estas zonas
salvajes, aunque lo único que hagamos sea conducir
hasta sus límites para contemplarlos desde lejos.
Esto nos recordará que es posible ser criaturas
cuerdas, que podemos convertirnos en una parte
de la geografía de la esperanza.

Wallace Stegner

A mi amigo José Ramón González Pan, cuya inagotable
agenda de contactos fue la llave que me abrió
la puerta de acceso a los parques nacionales.

Y a Virginia, con quien comparto territorio de campeo
en la frontera del Parque Nacional de la Sierra
de Guadarrama.

ÍNDICE

GRABAR PARA CONTARLO

Pero en cada paseo en la naturaleza
uno recibe mucho más de lo que busca.

John Muir

Todavía faltaban varios espacios por integrarse en la red. Alguno, incluso, habría de cambiar de nombre un tiempo después. En el año 1992 empecé a grabar los paisajes sonoros de los parques nacionales. El primero fue el de la Montaña de Covadonga, en Asturias, cuando sus límites todavía no se habían extendido por los demás macizos de los Picos de Europa. Y continué por Ordesa, Añisclo y el Monte Perdido. Urogallos en los hayedos cantábricos, tormentas en las montañas pirenaicas. Con aquellas grabaciones comenzó la publicación de una colección de discos compactos titulada, simplemente, *El sonido de los parques nacionales.* Trabajaba entonces en el Centro Nacional de Educación Ambiental, CENEAM, en el valle de Valsaín, en la cara norte de lo que llegaría a ser el Parque Nacional de la Sierra de Guadarrama. Nunca he vuelto a recibir un encargo mejor: crear una fonoteca con los sonidos de la naturaleza en España.

Y a aquellos discos pioneros, a aquellos primeros registros, siguieron todos los demás. Con una locución añadida a cargo de Iñaki Gabilondo. Navegué por las noches del Mediterráneo tras los gritos de las aves marinas. Pisé la nieve helada en las cumbres pirenaicas tras el lagópodo nival. Dormí bajo las llamadas de los búhos reales en los riscos del valle del Tajo; o entre los pisoteos de los ciervos encelados en dehesas y sierras. Deambulé libremente, día y noche, por las marismas del Guadalquivir; en invierno, cuando en la inmensidad de la planicie encharcada no cabía ni un grito más, o en verano, cuando a través de la atmósfera tórrida se escuchaban los sonidos de los secanos. En Canarias grabé el silencio de los volcanes apagados, las voces de las aves en los bosques envueltos en nieblas. Y recorrí a pie los campos resecos que no mucho antes había navegado en barca de fondo plano, por las lagunas de la Mancha Húmeda.

En aquellos discos, pero también en las descripciones y grabaciones de este libro, he evitado el ruido, la mancha que, cada vez más asiduamente, ensucia el fondo de los paisajes sonoros. Por desgracia, lo he registrado muchas veces, con más frecuencia e intensidad que muchos de los sonidos naturales, pero he preferido hacerlo callar, enmudecido en los rincones más perdidos de mi biblioteca sonora. Los parques nacionales nacen para la conservación de la belleza. Ese es el mensaje más convincente para establecer vínculos con los espacios naturales. Y el concierto de la naturaleza es una expresión de esa belleza.

Para mí, por tanto, este libro es el cierre de un círculo. Quería completar aquel recorrido por lo mejor de nuestra naturaleza, ampliarlo y ponerlo al día con las mejoras técnicas de los últimos años en las grabaciones y el montaje. Sé que todo esto ha sido un privilegio. Por haberlo vivido, pero también porque es muy difícil que alguien pueda volver a vivirlo. Las dos crisis que asolan el planeta, la climática y la de los ecosistemas, se están llevando demasiadas cosas. Así que estos son mis recuerdos. Un resumen de las mejores experiencias de mi vida en el campo, de algunas de las historias que la naturaleza me ha contado a través de sus propias voces.

Estos son, pues, mis parques nacionales.

A LA MANERA DE UN CUADERNO DE CAMPO

Hace años el Parc National des Pyrénées, vecino en las cumbres de Ordesa y Monte Perdido, editó una serie de publicaciones escritas, y nunca mejor dicho, con los pies bien puestos sobre el terreno. *Les carnets de terrain,* elaborados por los guardas y guías del parque a partir de las observaciones y experiencias consignadas en sus cuadernos de campo. Sarrios, osos pardos, marmotas, lagópodos nivales, águilas reales y los buitres y quebrantahuesos, buena parte del elenco del parque, son descritos con información de primera mano, con la inmediatez del detalle anotado en el momento. Y detrás de los animales protagonistas aparecen los paisajes, las adaptaciones a su territorio, la historia de estos lugares, los usos del pasado... Incluso algunas referencias a los sonidos de la montaña y lo que por allí se escucha. En suma, toda la sabiduría acumulada por las personas que mejor conocen el territorio, capaces de transmitir la emoción de quien ha visto las cosas desde la primera fila.

Este ha sido mi modelo para enfocar esta obra, ampliada desde la línea de cumbres por la que Ordesa entra en contacto con los límites del *terrain* francés a la red española de parques nacionales completa. Con muchos menos conocimientos que estos *montagnards* y, desde luego, mucha menos fuerza en las piernas y aire en los pulmones. Pero con la misma actitud atenta e idénticas ganas de transmitir no solo información, sino emociones y sentimientos. Una descripción de las cosas —la geografía, la toponimia, la vegetación y sus habitantes— a través de la percepción de alguien que practica la escucha atenta. Casi siempre con un micrófono en la mano, con los pies en la tierra y toda mi capacidad de atención abierta de par en par.

SUITE DE LOS PARQUES

Volcanes, humedales, mares, sierras, bosques y montañas

bit.ly/3RdQpWk

Se admira lo que se ve, pero se siente lo que se oye [...]. Los sonidos que exhalan los lugares sublimes darán una impresión más profunda y más duradera que sus formas.

Étienne Pivert de Senancur

Ningún espacio natural cabe en una definición simple. Los paisajes son mosaicos. En general, y salvo excepciones, en la base de las altas cordilleras se abren valles en los que arraigan los bosques. Los archipiélagos marinos contienen montes y lagunas interiores. Alrededor de las sierras y serranías se extienden las dehesas. Los humedales lindan con matas de monte. Y desde el mismo momento en que cesa la actividad, en las tierras inertes de los volcanes comienza la recolonización vegetal, el regreso de las arboledas arrasadas.

Así que no es fácil agrupar los dieciséis espacios de la red por tipos de paisaje. El orden geográfico convencional, de norte a sur, de oeste a este, como leemos en los mapas, es el que siguen los capítulos de este libro. Pero para este prólogo, algo así como una *suite* sonora, he prescindido del orden geográfico, o de los diferentes episodios del calendario sonoro anual. Me he tomado la libertad de agruparlos según algunos aspectos parciales, sin otro criterio que el gusto por encadenar unos acontecimientos sonoros con otros. Como resultado, en este recorrido «de oídas» tenemos dos archipiélagos, en el Atlántico y en el Mediterráneo; dos humedales, aunque uno de ellos también cuenta con treinta kilómetros de costa marina y otros tantos de ribera fluvial; dos serranías y dos parques de alta montaña, con las cimas más altas de la península; tres volcanes en otras tantas islas, aunque uno de ellos está cubierto de bosques de pino canario y, por tanto, podría sumarse al grupo de cinco espacios forestales. Este último es el más extenso, pero también el más indefinido, ya que todos esos bosques podrían haber sido incluidos en cualquiera de las divisiones anteriores.

Agua, fuego, tierra y aire. La materia sonora de esta *suite* de la naturaleza proviene de la interacción de los cuatro elementos clásicos. Suenan las aguas de dos mares, de cien ríos alimentados por lluvias y nieblas. El fuego del rayo en las cumbres y el de los rescoldos de erupciones volcánicas cercanas, en el espacio y en el tiempo. Suena la tierra en el eco que devuelve la roca. Y el aire, que, convertido en viento, transporta todos los demás sonidos.

Dieciséis lugares, otros tantos momentos a la escucha. Una síntesis con lo mejor del concierto sonoro de la naturaleza.

DOS ARCHIPIÉLAGOS

Marea baja en las playas de las Illas Atlánticas. Lejos, en el fango, silban las aves limícolas. Más cerca, arriba, alrededor, por todas partes, discuten las gaviotas patiamarillas. Lanzan sus llamadas largas, las letanías que lo mismo les sirven para discutir por unos límites espaciales, unos restos de comida, que para culminar la ceremonia de cortejo.

Un batir similar de olas lleva a los islotes rocosos de Cabrera. En la oscuridad de una noche de mar tranquilo, sombras furtivas de dos especies de pardelas, las baleares y las cenicientas mediterráneas, llegan desde el mar y se pierden en la oscuridad de la tierra, donde esconden sus madrigueras.

DOS HUMEDALES

Noche de primavera en las Tablas. El agua de la laguna fluvial también está quieta, y en ella se reflejan la luz de la luna, así como las voces de las aves acuáticas que corretean y chapotean sobre este espejo acústico. Gruñen los anfibios, algunos bajo el agua; pitan las fochas; reclama, lejos, una voz extraña, inesperada: en los cañaverales se esconde la esquiva polluela bastarda.

En el otro extremo del año, en la alta noche de enero, la marisma de Doñana es una inmensa planicie encharcada. En la oscuridad son las voces de las aves las encargadas de dibujar la línea del horizonte. Ánsares, patos de todas las especies, gruñidos de calamones, gritos de garzas... Hasta que un clamor de aleteos y chapoteos remueve el agua y decenas, centenares de ánsares comunes levantan el vuelo y llenan con sus gritos la inmensidad de las marismas.

Garceta grande en Doñana.

DOS SERRANÍAS

Noche serena de primavera en una de las dehesas que envuelven las sierras de Monfragüe. Cerca de una charca —el agua siempre se deja oír en el paisaje sonoro—, en la hora del cambio de guardia, cuando el último cuco del día da paso al primer mochuelo de la noche. De uno en uno, estridulan los primeros grillos; despacio y destemplados al principio; pero a medida que calientan los élitros, la noche se llena con el sonido más dulce. Siguen las voces rotas de los anfibios, el matraqueo sincopado de los chotacabras cuellirrojos, los silbidos de los alcaravanes. Pero todo esto no era más que el preámbulo para la entrada en escena de la canción del ruiseñor común, ave de la noche.

Todo lo que la atmósfera sonora de la dehesa tiene de sutil se convierte en contundencia en las noches de berrea de Cabañeros, en la larga raya de contacto entre el monte y la llanura. Septiembre, época del celo de los ciervos, de discusiones a voces, de testarazos. En el fragor de la batalla, un cárabo pasajero ulula en el monte.

DOS ALTAS MONTAÑAS

Retumba un trueno y el sonido inunda toda la inmensidad de los altos valles, anfiteatros de roca de Ordesa. Pero entre un estampido y el siguiente, antes del chaparrón o con sus últimas gotas, a las marmotas les da tiempo a secar el pelaje y lanzar sus chillidos al valle; a las chovas piquirrojas, a volver a subir a lo alto de las peñas; a los saltamontes, a templar sus élitros, a dar cuerda a su reloj y proclamar que, pese a la tormenta, el verano sigue en las praderas alpinas.

El otoño se acerca a su fin en los valles pétreos de Sierra Nevada cuando los machos de cabra montesa dirimen sus diferencias de jerarquía a testarazos. Y entre chasquidos y resoplidos, los integrantes del resto del rebaño, cinco o seis hembras y varios chivos, comen, triscan y corretean por las rocas.

TRES VOLCANES

Timanfaya es el lugar donde más evidente es la actuación de los cuatro elementos. El fuego de los volcanes se apagó hace pocos siglos, pero sus efectos son bien visibles en la tierra. Y ya que la mejor manera de entender un volcán apagado es contemplar otro encendido, en este caso se han hecho dos excepciones. El relato es también visual, ya que el sonido, por sí solo, no sirve para entender el fenómeno; y las imágenes actuales de Timanfaya están combinadas con otras equivalentes del volcán Tajogaite, de La Palma. Lo que fue y lo que será.

Las cañadas que rodean el Teide, en cambio, son un escenario vacío. El viento, encerrado en el anillo de roca, transporta las pocas voces que se pueden oír por aquí: el parloteo de los canarios, los graznidos de algún cuervo, el reclamo repetitivo del mosquitero canario, la llamada metálica, doble, elástica, de un alcaudón real. Poca cosa para un escenario gigantesco.

Todo está encerrado en el interior de la Caldera de Taburiente. Los bosques de pino canario trepan por las laderas, el agua corre bajo cubierta por las galerías de piedra. Alrededor del agua cantan los omnipresentes mosquiteros canarios, alguna lavandera cascadeña en su cascada. Los herrerillos de La Palma, endémicos, se hacen notar con una voz característica. El único sonido libre viene de las altas crestas, por encima de los niveles del gran hoyo, donde chillan dos «grajas», que tal es el nombre isleño para referirse a las chovas piquirrojas.

CINCO BOSQUES

Los bosques de pinos canarios de La Palma podrían estar en este apartado, junto con los silvestres del Guadarrama. Aquí, en una mañana de finales del invierno, luce el sol arriba, pero nieva por segunda vez bajo las copas. La nieve acumulada en las ramas se funde y se desploma en pequeñas avalanchas,

Mochuelo boreal y corneja.

unas veces con el susurro casi inaudible de una cortina de cristales de hielo, y otras, con el retumbo de un tambor contra el suelo. La fugaz vuelta del invierno sorprendió a la comunidad del bosque en pleno arranque de la primavera. Tamborilean los picapinos, llaman los carboneros garrapinos, los herrerillos capuchinos, zurean las torcaces. En los pinares siempre graznan las cornejas.

Un taponazo, seguido de un cacareo. El sonido de una celebración. Los urogallos cantan su extraña composición antes del amanecer, en un cantadero en lo más profundo de los bosques de pino negro del Pallars, por la zona del Estany de Sant Maurici. La llamada pulsante de un mochuelo boreal indica que estamos en un bosque frío de la montaña pirenaica.

Escurre un arroyo y tintinean los cencerros de las vacas: ese es el fondo sonoro de los bosques cantábricos, de los Picos de Europa, contra el que mantienen sus conversaciones los cárabos. Los ladridos de un corzo que escapa a la carrera subrayan aún más el silencio de la noche. Y lejos, de manera fugaz, un lobo lanza un aullido corto, que apenas provoca la respuesta de otros miembros de la manada. Es muy triste, pero en tierra de lobos aullar es delatarse.

Calor en el bosque, mediado el verano, mucho después de que se fundiera el manto blanco de las cumbres de la sierra de las Nieves. Por el pinsapar se oyen la sierra de las cigarras, los chirridos resecos de los insectos que rellenan todo el espacio entre los árboles. Y, en sintonía con el lugar, la temperatura y la hora, las aves del bosque cantan con voces ásperas: reclamos acelerados de las currucas cabecinegras, el rasponazo de algún verderón. Solo el parloteo de un bandito de jilgueros aporta algo de liquidez a esta atmósfera tórrida.

En el extremo opuesto, en fin, en una isla atlántica que crece sobre antiguos volcanes, empapada por el viento que trae la niebla del mar, se apaga la última luz del día. En las laurisilvas de Garajonay calla el concierto de los mirlos. Y por los claros del bosque, al ras de las copas de los viñátigos, los tiles y las fayas, sobrevuela una becada, un ave tan ligada a la profundidad del bosque que solo asoma a los claros cuando se siente protegida por la oscuridad de la noche.

MALOS TIEMPOS POR VENIR

La declaración de un territorio como parque nacional no es un punto de llegada. Nada está, al fin, resuelto; los problemas que llevaron a su constitución continúan presionando, las amenazas no desaparecen. La crisis climática no respeta ni límites ni prestigios. Todos los parques nacionales arrastran una serie de problemas, algunos tan graves que condicionan su futuro.

Así, por ejemplo, el síndrome que está acabando con las gaviotas patiamarillas y sombrías de las Illas Atlánticas es grave, pero no más que la historia del declive de las aves marinas en las costas de Galicia, que asistieron en pocos años a la pérdida de las colonias de araos, gaviotas tridáctilas y la disminución de los cormoranes moñudos y otras aves del mar. En ese contexto, las mareas negras, el chapapote del Prestige, retrasan durante años cualquier posible regeneración de los fondos marinos.

En los bosques de los Picos de Europa hace ya tiempo que enmudecieron los urogallos, símbolo, como pocos, de lo agreste. Los osos apenas asoman por las praderías, los lobos siguen siendo los proscritos en un territorio que les pertenece desde siempre.

Los parques nacionales de montaña, todas las cordilleras, en general, comparten un mismo diagnóstico. En Ordesa y Aigüestortes los glaciares y neveros se están fundiendo. Las nevadas son imprevisibles; las lluvias, más escasas. Las heladas nocturnas ya no son tan severas. Los animales y plantas adaptados al frío de las cumbres buscan el frescor cada año un poco más arriba; pronto ya no tendrán cimas más altas a las que ascender.

Algo similar sucede en los pinares silvestres del Guadarrama, que se encuentran cerca del límite sur de su área de expansión. Los bosques se secan por las laderas más bajas, el verde oscuro de los pinos se aclara y grandes matas de arbolado viran hacia el marrón. Y frente a uno de los principales motivos que condujeron a la declaración del parque, la presión de la gran urbe, la sierra está perdiendo la batalla.

Sierra Nevada comparte el problema de la nieve menguante con una gran estación de esquí. Pero esta, al menos, tiene la opción de fabricarla a partir del agua desviada, en gran parte, de la laguna que alimenta a algunos de los áridos barrancos que escurren hacia los valles.

Los bosques de pinsapos de la Sierra de las Nieves son tan pequeños que están solo a unos pocos incendios de la desaparición.

Los dos espacios dedicados a la protección del monte mediterráneo, Cabañeros y Monfragüe, también comparten diagnóstico. En primer lugar, la persistente escasez de conejos, soporte de casi todos los carnívoros que merodean por estos montes, incluidos los linces. Por otra parte, la aridez creciente se manifiesta aquí con el descriptivo nombre de «la seca», una serie de factores —sequías recurrentes, estrés hídrico, suelos endurecidos por sobrecarga y pisoteo de las pezuñas de una población desmesurada de ciervos, insectos barrenadores que se convierten en plagas...— que, sumados unos con otros, provocan el debilitamiento y el agostamiento de los árboles, la desaparición de la dehesa y la matorralización de los bosques.

En cuestión de crisis de supervivencia, las Tablas de Daimiel forman una categoría por sí mismas. Fueron declaradas parque nacional para salvar un humedal que, en realidad, nunca ha tenido ninguna opción de salvarse. El agotamiento del acuífero que las encharcaba, sobre el que manaba el Guadiana, ha resuelto un viejo dilema. Había que elegir entre el agua para los patos y el pan de las familias, proclamaba una vieja campaña a favor de los regadíos. El descenso del nivel freático hasta límites posiblemente irrecuperables ha creado la figura de los «acuatenientes», propietarios con capital y medios para pinchar más hondo en los sondeos, arruinando a los agricultores más modestos alrededor de pozos ya secos. El viejo dilema está resuelto: sin agua para los patos, tampoco la habrá para regar los cultivos.

El mismo concepto de «tablasdedaimielización» se aplica también a Doñana. Aquí, bajo los focos de los medios de comunicación de todo el mundo, se está representando el gran drama de los espacios naturales. En Doñana inciden las dos grandes crisis que castigan a la naturaleza: la del clima, los cambios hacia la escasez y la irregularidad del régimen de lluvias, y la de los ecosistemas, que se basa, como antes en Las Tablas, en la sobreexplotación de las aguas subterráneas. De los grandes acuíferos sobre los que se asientan las marismas del Guadalquivir ya no manan las fuentes que alimentaban las lagunas permanentes en tiempos de sequía. Las pocas aguas que llegan lo hacen, además, contaminadas por los residuos químicos de la agricultura intensiva del arroz y los frutos rojos.

El archipiélago de Cabrera justifica su declaración cada vez que alguien lanza un ancla sobre una pradera de posidonias. Una de las misiones fundamentales del parque es contener los destrozos en los fondos marinos de uno de los mares con más embarcaciones de recreo por metro cuadrado del mundo.

Los cuatro parques de Canarias tienen también un problema común: la masificación de las visitas. Puede que las lavas de Timanfaya y el Teide sean inmunes al impacto. Al fin y al cabo, el término «malpaís» parece garantía suficiente para cerrar el paso a la mayoría. Aunque empiezan a menudear ejemplos de un turismo exhibicionista, de red social y foto exótica en paisajes singulares, que no respeta la armonía de las lavas. Las laderas vertiginosas de la Caldera de Taburiente también se defienden por sí mismas, aunque la capacidad de los pinos canarios de beber el agua de las nieblas no alcance a compensar la disminución de las lluvias oceánicas. Pero en Garajonay el bosque de niebla acusa de manera contundente los bandazos del clima y la sequedad creciente. El monteverde canario, siempre húmedo, está cada año un poco más seco.

Y por todas partes, el ruido. También habría que hablar de lo que no se escucha en esta colección de relatos. El silencio es lo primero que se pierde en una crisis ambiental. El ruido llega antes que la causa que lo produce, es el anuncio de que las cosas van a empeorar. En esta obra no está el zumbido lejano de las bombas de agua que están secando los mejores humedales. No se escucha el tráfago de los atascos de tráfico, de los autobuses, de las embarcaciones que se acercan más de la cuenta a las costas. O el ruido mecánico, cíclico, de los remontes de las estaciones de esquí, envuelto en músicas ambientales que contaminan el silencio de las montañas. Ni las carreras multitudinarias, los raids, las pruebas ciclistas transmitidas en directo por enjambres de helicópteros. O los disparos de monterías demasiado cercanas en terrenos protegidos, pero de siempre dedicados a la caza mayor. Por no hablar de algunas concurridas romerías. Tampoco de la omnipresente huella sonora de los aviones, audible mucho antes de que lleguen y mucho después de su paso por la vertical.

Toda esta relación de ruidos y problemas no debe resultar, ni mucho menos, en el pesimismo y el abandono. Mucho se ha perdido, mucho queda aún por preservar. Poco se puede hacer contra los imponderables del clima, el deshielo y las sequías. Pero desde su posición de privilegio, los parques nacionales no deben encerrarse en sus fronteras. Que, ya se ha visto, tampoco son del todo seguras. Deben servir de campo de pruebas para desarrollar modelos de gestión que preparen a todos los ecosistemas naturales para aclimatarse a los malos tiempos por venir.

PARQUES NACIONALES DE ESPAÑA

bit.ly/41SUCnx

Un vivero sumergido

ILLAS ATLÁNTICAS DE GALICIA

Cuatro archipiélagos bien distintos entre sí emergen del mar en las bocanas y el interior de las Rías Baixas. Sus laderas y acantilados albergan grandes y ruidosas colonias de aves marinas, y sirven de estación de paso en la ruta migratoria de otras muchas. Pero, con ser importante, no es ese su valor principal. Bajo la superficie, en los fondos arenosos o los arrecifes sumergidos, se encuentran los auténticos viveros que mantienen la pujanza de la vida marina. En estas aguas, templadas por la corriente del Golfo, cargadas de nutrientes por las corrientes frías, viven o desarrollan las primeras fases de su vida innumerables especies de peces, pero también pulpos, vieiras, navajas, nécoras, langostas y lubrigantes, mejillones, percebes y, en general, todo aquello que hace única la gastronomía gallega. El parque nacional, en apariencia una simple frontera trazada en el mar, extiende su protección mucho más allá y abraza a toda la diversidad de la fauna costera de Galicia.

El Parque Nacional Marítimo-Terrestre das Illas Atlánticas de Galicia presenta una peculiaridad única en todos los espacios de la red. Los cuatro archipiélagos que lo componen —Cíes, en la ría de Vigo, Ons, en la de Pontevedra, y Sálvora y Cortegada, en la de Arousa— están separados entre sí por amplias extensiones marinas. La continuidad espacial es la norma común, pero aquí el mar, que une más que separa, impone sus normas. El parque se extiende por una superficie fragmentada de 8.480 hectáreas, de las cuales el 85% la ocupan las aguas. O, mejor dicho, sus fondos marinos.

))) LOS CUATRO ARCHIPIÉLAGOS

Por muy poco, Cortegada es una isla. Por ciento ochenta y nueve metros, exactamente, la distancia que la separa del «continente». Por muy poco, también, está en el mar, ya que se encuentra anclada en la misma desembocadura del río Ulla. Con las mareas más bajas casi se puede llegar a pie chapoteando entre almejas y berberechos enterrados en el fango, por el canal de arena llamado *dos Viveiros*. El canal está jalonado por hileras de postes clavados en el fondo, y junto a uno de ellos hemos fondeado, a bordo de un pequeño velero de siete metros de eslora. La isla parece poca cosa, tan plana que el principal relieve son las copas del espeso pinar de rodenos, que esconde restos de un robledal y una masa importante de bosque de laurel. La última laurisilva gallega.

Cortegada es la mayor de un pequeño archipiélago, formado por las tres Malveiras y algún islote más. El más pequeño, con mucho, de los cuatro que conforman el parque nacional.

Navegamos por la ría de Arousa entre rocas y almadías mejilloneras, estructuras flotantes de postes de los que cuelgan las ristras de mejillones, en las que faenan multitud de embarcaciones y donde sestean gaviotas y cormoranes, que ni se inmutan al paso de nuestra nave. La productividad de las Rías Baixas es proverbial, y a ello no le es ajena la existencia de estos archipiélagos, de sus zonas intermareales y de sus fondos, los viveros donde nacen y maduran los gérmenes del cultivo de mariscos. Para eso sirve, también, un parque nacional.

En la bocana de la ría dejamos por estribor la isla de Sálvora. Su perfil empieza ya a levantarse sobre el mar. Bolos de granito redondeados, líneas poco afiladas. Alrededor, las masas gritonas de gaviotas envuelven a los barcos mientras levantan, escorados por el peso, las redes de cerco cargadas de peces. La isla tiene la suficiente elevación para contar con oteaderos en lo alto —su Castelo dos Mouros, de nombre incierto, y un faro discreto— que señalen la entrada de la ría. Más pelada y rocosa que Cortegada, soporta una pequeña población de caballos cimarrones, los ponis de los confines gallegos.

De ría a ría, navegando hacia el sur, el mar se abre y las siguientes islas se levantan. En lontananza se dibuja la forma alomada de la *illa* de Ons, que cierra la boca de la ría de Pontevedra. El perfil que mira al interior es suave, pero hacia el mar de afuera, ya caen algunos acantilados, y en ellos se abren las estrechas oquedades, las furnas, chimeneas de roca en las que el océano resuena por medio del aire que empuja hacia arriba. Y al dejar atrás la pequeña *illa* de Onza, avistamos a lo lejos, en perspectiva aérea, los perfiles acuchillados de las tres Cíes, superpuestas como una única cresta de dragón. El mismo patrón se repite: las laderas que descienden suavemente hacia la ría, el mar interior, con ensenadas que albergan largas playas, y los acantilados que caen a cuchillo hacia el mar exterior.

Atracamos el velero en el puerto de Vigo y volvemos a las islas en una embarcación con el impetuoso nombre de «Cavalo de Cíes».

Fue aquí, en las Cíes, una noche junto al fuego, donde el escritor gallego Álvaro Cunqueiro reflexionó sobre el tamaño adecuado para que el navegante, náufrago temporal en un mundo que le es ajeno, sienta que se encuentra en una isla:

> Las islas tienen el tamaño de una jornada de camino o de arada, y están siempre patentes sus límites al ojo humano, que les mide tanto su extensión cuanto su áspera condición de roca insumisa, fatigada del mar. Un poco menos y ya serían inhóspitos peñascos, solo fáciles a la gaviota y el cormorán. Pero tienen el tamaño que permite decir la palabra tierra, y ya en ellas, descubiertos los breves sembrados de patatas en la arenisca, los cañaverales en la estrecha vaguada, la fuente sabrosa y escondida, y en la zarza la gracia alada de un pajarillo, más se extrema la condición terrenal de las islas, de un naufragio antiguo rescatadas para que el hombre pudiese, en la noche, encender el fuego en el lar.

))) LA PARED DEL ACANTILADO

Tienen el tamaño que permite decir la palabra «tierra», según Cunqueiro. Pero esta tierra empieza muy arriba, en la zona de contacto entre las nubes y la roca.

El tiempo suena. El tiempo meteorológico. Silba en las crestas afiladas de la roca, se enreda en las enramadas de los tojos y silba, también, en las agujas en que se han convertido sus hojas. Por encima de todo este ruido, por encima del acantilado, se escuchan los gritos largos, chillones, de uno de los halcones peregrinos que cazan en las rocas exteriores, donde buscan refugio los pajarillos que llegan costeando por el mar, exhaustos y presa fácil para las aves de presa. Los baharíes de los cetreros árabes, los halcones que instalan sus nidos asomados al mar.

Por el mar, a diferentes distancias, pasan los bandos de aves marinas que siguen la ruta migratoria del Atlántico oriental. A esta latitud la mayor parte de ellas se adentran en el océano, invisibles desde nuestro oteadero. Pero sí que hay un trasiego continuo de aves costeras. Las aves de cabotaje, podríamos decir. Gaviotas patiamarillas y sombrías van de aquí para allá; los cormoranes moñudos vuelan de una punta a otra, se posan en rocas en el límite al que alcanzan las salpicaduras de las olas, erguidos sobre unas patas palmeadas, como chanclos, y con su copete adornando la cabeza. Aves primitivas entre las marinas, sus plumas solo están impermeabilizadas en la base, por lo que al salir del agua pasan largas horas con las alas desplegadas, en cruz, para secar el plumaje. En su momento, en primavera, instalarán los nidos en repisas de acceso imposible y unos ásperos gruñidos se oirán por la roca cuando los pollos soliciten alimento.

Pero el verdadero concierto del acantilado empieza más abajo. En las rompientes de la franja intermareal.

Gaviotas patiamarillas asomadas a los acantilados.

Un pulpo sobre una pradera de algas Bifurcaria.

))) EN UN JARDÍN DE PULPOS

«I'd like to be under the sea
In an octopus's garden, in the shade».

The Beatles

La superficie del mar es la frontera que divide en dos al acantilado. En la zona de contacto, la intermareal, unas veces el agua salpica la roca, otras, la sumerge. Se agarran firmemente al sustrato las mejillas —las larvas de los mejillones—, los percebes y las lapas. Más abajo, a medida que disminuye la luz, se encuentra la zona submareal, donde arraigan los bosques de algas laminarias, los pulpos, los congrios y las nécoras. Siguen los fondos llamados de *maërl,* donde crecen auténticos bosques petrificados, algas calcificadas, envueltas en un sarcófago, que sirven de refugio a las sepias. Y los fondos de cascajo, escombreras de conchas de moluscos y gasterópodos, en los que construyen sus conchas las vieiras, las zamburiñas y las navajas. Todo esto antes de caer a los abismos marinos y las aguas abisales, donde nadan libres los bancos de caballas, lanzones y salpas y, a veces, se acercan a husmear los *arroaces,* los delfines mulares. Estos fueron los fondos atacados por la infame marea negra del Prestige, en noviembre de 2002. Durante años en este vivero submarino no se escuchó otra cosa que el pastoso sonido del chapapote incrustado en la roca. Pero el mar dista de ser un mundo de silencio. Al contrario, es también un escenario acústico. El agua propaga el sonido mucho mejor que el aire. Es más densa y no se puede comprimir, propiedades físicas que la convierten en el medio óptimo para la propagación de ondas acústicas. Y los animales subacuáticos saben aprovechar estas ventajas para la comunicación.

Lo primero que escuchamos bajo la línea de flotación es un rumor sordo, el telón de fondo del mar formado por el bramido diluido de los temporales, el roce de las olas en la superficie, el arrastre de las masas de aguas abisales. Aquí se escucha una cacofonía, una confusión de ruidos en la que es difícil discernir qué es la geofonía, producida por el arrastre del agua, y qué la biofonía, los increíbles sonidos —es difícil llamarlos «vocalizaciones», ya que prácticamente ninguno sale por la boca— de los peces, los crustáceos y los cetáceos que navegan lejos, por las aguas libres, y llegan hasta la costa

Erizos de mar.

por los canales acústicos de la mar. Son muchos los peces que emiten sonidos al hacer vibrar la membrana de la vejiga natatoria, un saco hinchado de gas que les permite flotar y variar la profundidad. Roncan así los meros, retumban los rubios y las corvinas. Los ictiólogos utilizan un vocabulario que deja corto al empleado para nombrar las variantes en el canto de las aves. Dice Jonathan Balcombe, en su libro *El ingenio de los peces,* que emiten zumbidos, silbidos, golpes secos, estridulaciones, chirridos, gruñidos, graznidos, latidos, tamborileos, golpes, ronroneos, rumores, roznidos y chasquidos. Y rechinar de dientes, al frotar las dos mandíbulas. Para colmo, en las aguas libres se escucha el burbujeo de los arenques que sueltan ristras de burbujas... por el ano. No, decididamente, no son vocalizaciones. Pero el hecho comprobado de que tales «emisiones» sean más frecuentes en cardúmenes grandes apunta a una intención de comunicar algo. La pregunta es qué.

Los peces no son los únicos en emitir sonidos. Langostas y bogavantes rozan las antenas con las pinzas, como violinistas bajo el agua, y el caparazón actúa como caja de resonancia. Los cangrejos y, en general, todo el conjunto de seres articulados hacen chascar sus pinzas. Algunos bivalvos, vieiras y volandeiras —un nombre que lo dice todo— tocan las castañuelas mientras huyen, al entrechocar las dos valvas de su armadura.

Pero si el chapapote del petrolero hundido cubrió durante años las rocas con una masa grasienta y maloliente, otra «mancha» se expande por los océanos. Desde mares cercanos, el interior de la ría o aguas muy lejanas, de todas las direcciones llega un sonido como de cadena oxidada, un chirrido sordo sobre un bajo profundo, producido por los motores y las hélices de los barcos que, con sus ruidos, ensucian el fondo sonoro del mar y ensordecen a los animales, los peces, los crustáceos, los delfines y las ballenas. El medio acuático, el canal de comunicación acústica más eficiente que existe, propaga también el ruido mejor que el aire. Las comunidades que viven conectadas por el habla y la escucha tienen ahora dificultades para escuchar y ser oídas. A causa de los ruidos que vienen de muy lejos, desde más allá de los límites de protección que cualquier parque nacional pueda ofrecer.

Y a la escucha de todo este guirigay, unos animales acechan ocultos en las rocas, escondidos en sus colores, confundidos con el sustrato gracias a su pigmentación. Son los pulpos, animales solitarios, siempre atentos con su ojo, pero también con el oído —esté donde esté localizado, quizá a todo lo ancho de su piel—, que no se pierden ni un ruidillo que se propague por las rocas, su jardín. Capaces de sentir y pensar con un cerebro repartido por todo el cuerpo, con neuronas que toman decisiones autónomas a lo largo de los tentáculos. Que cambian de color a discreción, para camuflarse, cortejar o expresar estados anímicos. Con una fabulosa memoria espacial que les permite regresar a su guarida, midiendo palmo a palmo, de ocho en ocho, el suelo marino por caminos y vericuetos siempre distintos. Que expulsan nubes de tinta para hacerse

La enfermedad de las gaviotas

Nunca han tenido buena fama. Y quizá por eso al principio no causó demasiada alarma. Las poblaciones de gaviotas gallegas, las sombrías pero, sobre todo, las patiamarillas, se han desplomado. Una enfermedad paralizante, el llamado «síndrome parético», arrasa las costas atlánticas de Europa. Por ahora se conocen los síntomas pero no tanto las causas. Para averiguarlas hay múltiples estudios en marcha. Postradas, con pérdidas de equilibrio, temblores y dificultades respiratorias, las aves sin tratamiento mueren en unos pocos días.

Las cifras no siempre coinciden, pero el descenso es innegable. En las Cíes las colonias han pasado de contar con 22.220 parejas en 1991 a menos de 2.300 en 2023. Un descenso del 90%. En las playas de Sálvora se acumulan los cadáveres, con la pérdida en dieciséis años de un 66% de las parejas reproductoras, que han pasado desde casi 10.000 en 2006 a 3.200 en 2022. Cifras parecidas se dan en otros enclaves fuera del parque, como las islas Sisargas, en A Costa da Morte. En los cielos el griterío ha bajado en muchos puntos de la escala. La especie más abundante, las «ratas» del aire, ha sido declarada vulnerable.

Además del síndrome parético, hay otras razones más previsibles. Un descenso esperable a causa del cierre de los vertederos donde se alimentan, o del control de los desechos arrojados al mar desde barcos pesqueros. Quizá, también, algún otro factor ambiental, como la abundancia de los microplásticos que impregnan todo lo que flota en el mar, o el incremento de la polución marina. Y, para rematar las malas noticias, en los últimos tiempos se han detectado algunos ejemplares afectados por la gripe aviar. Las gaviotas, que en su momento supieron sacar partido de las transformaciones en la naturaleza, dan testimonio ahora de que con esas transformaciones hemos llegado demasiado lejos.

Sálvora. Diario de un farero

Una línea de faros puntea la costa de las Rías Baixas. En las islas principales del parque se yerguen tres de estas torres de señales, además de una constelación de luces menores y balizas. En otros tiempos muchos faros avisaban también, los días de niebla, con unos tremendos bocinazos, cada uno con su secuencia y tonalidad distintivas. Yo mismo he escuchado el mugido del faro de Finisterre, la *vaca de Fisterra*, a treinta kilómetros de distancia en mañanas de bruma.

Pero los faros son torres de luz. Y seguro que, al contemplar los haces en la noche, los avisos al mar, todos hemos pensado alguna vez en la vida de los fareros, los guardianes de la luz. Y caído en los tópicos que hasta un pasado reciente envolvían el mundo de estas torres de piedra erguidas frente a olas gigantescas, habitadas, como corresponde, por gente recia, sólida, austera, en un mundo de tempestades, melancolía y soledad.

Y con esos tópicos a cuestas afronté la lectura de *Sálvora. Diario de un farero,* la particular crónica temporal de Julio Vilches, farero en la isla de Sálvora desde el verano del año 1980 hasta la Nochevieja que dará paso al año 2000.

Y la realidad, claro, prescinde de los tópicos. El relato es una rápida sucesión de historias cotidianas, que encadena la descripción de periodos de buen tiempo con otros en los que las cortinas de lluvia y las nubes disuelven los horizontes del mar; temporadas de aislamiento por mal tiempo con veranos luminosos entretejidos con paseos, excursiones de pesca, marisqueo, anécdotas de la vida familiar, fiestas con amigos, visitas, música, juegos, ingeniería de faros, técnicas de alumbrado, rescate de náufragos, naufragios propios y más. Destaca la creación de una emisora de radio en circuito cerrado entre los cuidadores de dos luciérnagas, esta de Sálvora y la de la cercana isla de Ons; *Entre dos luces,* programas radiofónicos con conversaciones, informaciones locales y mucha música, abiertos a «vigilantes, pescadores, contrabandistas, aduaneros, furtivos, beneméritos, piratas, vagabundos de agua salada y, en general, a todo tipo de marineros flotantes».

Al comenzar el diario el mecanismo del faro era aún de combustión, una linterna de fuego con capillos como, creo imaginar, los antiguos faroles de camping gas, girando suavemente sobre un baño de mercurio líquido. Pero la vida pasa y el faro se va transformando, la luz de fuego se electrifica, el progreso llega en forma de paneles solares y mecanismos automatizados. El faro es ahora una baliza automática, y el farero, un técnico mecánico de señales marítimas. Sabemos que el final del oficio se acerca, que la navegación cambia, que quienes andan por las rutas de la alta mar se guían ya por otros sistemas más sofisticados.

Llamada larga, el grito de la gaviota patiamarilla.

invisibles o nadan sobre chorros de agua a reacción. Los pulpos, además, escuchan los sonidos de su entorno a través, parece, de las vibraciones en la piel, en un ancho de banda de frecuencias comprendido entre 200 y 600 hercios. La misma franja en la que nosotros emitimos la mayor parte de la información en el habla, la que escuchamos mejor. Cada vez se sabe más de la complejidad neurológica de los pulpos, los invertebrados más inteligentes, signifique eso lo que signifique en el mundo submarino. La legislación británica los considera seres sintientes, merecedores, por tanto, de un trato incruento. Después de esto es difícil mirarle a los ojos a un pulpo de la misma manera.

))) LLAMADA LARGA

Pocos escenarios hay más ruidosos que una colonia de gaviotas patiamarillas. Las letanías, maullidos y lamentos de estas aves lo cubren todo, a todas horas y en las cuatro épocas del año. La confusión es total, permanente. Pero este vocerío tiene una razón de ser. Como todas las especies con una estrecha vida social, las gaviotas necesitan un lenguaje, un sistema de comunicación. Y para ello han elaborado un completo repertorio de voces y posturas, pautas de amenaza o de apaciguamiento, de desafío y sumisión.

Como en toda aglomeración, la primera necesidad es guardar las distancias, asegurar un mínimo de espacio vital alrededor de cada uno. Para ello las gaviotas utilizan la que quizá sea su voz más característica, la denominada «llamada larga», una letanía destemplada con un claro significado territorial. O, por decirlo de otra manera, la última advertencia antes de que un certero picotazo ponga al vecino en su sitio. Curiosamente, una versión engolada de la misma llamada larga, con un tono más bajo, más sutil, se escucha durante la cópula, cuando el macho se la susurra a la hembra en el momento en que se sube sobre ella. La consumación es un gorgoteo con la boca cerrada, una extraña versión del grito de amenaza por excelencia.

En tierra, alrededor de la comida, el mantenimiento de ese mínimo espacio pasa a ser una cuestión crítica, y las aves lo intentan con un maullido amenazante que poco a poco sube de intensidad para desembocar de nuevo en la pendenciera llamada larga. En el aire los márgenes son más imprecisos. Pero todo tiene un límite. Una vez rebasado, la gaviota se lanza al ataque, un descenso directo con el pico generalmente hacia los ojos del contrario, subrayado con un grito agudo y penetrante.

Todo este griterío se multiplica por cien si nos acercamos a una colonia en periodo de cría. En la subida a la cima de la isla del Faro, en las Cíes, por ejemplo. Los nidos están por todas partes; es más, se reconoce antes al pollito, una bola de plumón suplicante, que a una estructura que pueda sugerir la existencia de un nido. Entonces toda la comunidad entra en un estado de pánico salvaje, el vecindario grita con una sola voz y los padres de los nidos cercanos se lanzan en picado, directamente a la cara del intruso.

))) SIETE MARES EN CUATRO ARCHIPIÉLAGOS

Ni todos los mares del mundo se pueden reunir en los siete clásicos de la cultura popular ni todas sus voces, que son infinitas, caben en unas pocas líneas, o en una secuencia de pocos minutos. Así que esto es solo una selección, muy arbitraria, de algunas de las voces del mar en estos archipiélagos. Impulsado por diferentes grados de la escala de Beaufort, la escala de los vientos.

Viento en calma en el fondo de la ría de Arousa. El mar está muy lejos y por las orillas enfangadas de Cortegada corren, muy suaves, las olas. Desde más adentro, hacia la tierra firme, la marea se ha retirado del todo y sobre la extensa planicie de barro chillan, siempre presentas, las gaviotas patiamarillas. Y por las orillas infinitas corretean y silban zarapitos reales, archibebes comunes y demás aves de los limos.

Viento flojo. Un mar sereno regolfa en las oquedades del muelle de Carracido, un puertecito minúsculo en la costa sur de las Cíes, donde pelean varias gaviotas, siempre enfrentadas por cualquier resto de comida.

Sopla un viento bonancible. El sonido hueco del oleaje penetra por los escollos y el murete que separan la Lagoa dos Nenos del mar abierto. La corriente se enrosca en pequeños vórtices entre las rocas. Las voces del mar se mezclan con las de la tierra: ante la mirada perdida de alguna anguila, una lisa o una maragota, reclaman los chochines y canturrea una familia de tarabillas desde unos tojos cercanos.

Viento fresco, el mejor para navegar. Lo hacemos de bolina, amurados a estribor, en la travesía a vela entre los cuatro archipiélagos. Gualdrapean las velas, silban las jarcias, el agua rompe en la proa, salpica la cubierta y roza el casco.

El mar embravecido, durante un temporal que agita las aguas en el puertecito de Ons. Tintinea la arboladura de un barco, los amarres se tensan y relajan al compás del oleaje. Las gaviotas, impasibles, buscan comida en las aguas revueltas.

Temporal fuerte en la cumbre de la isla del Faro. Como la espuma de las olas en el aire, el sonido del tiempo meteorológico se confunde con el sonido del oleaje que percute contra la base del acantilado. Ni siquiera las gaviotas levantan su voz sobre el estruendo del temporal.

El mar habla a través del aire en cualquiera de los grados de la escala de los vientos. En furnas y sifones el embate de las olas desaloja la masa de aire, que escapa a presión por las oquedades en la roca, a menudo bastantes metros tierra adentro. Hay entonces un desfase entre el empuje del mar y la respuesta de la atmósfera. A veces, este instrumento de viento adquiere proporciones gigantescas. En el Buraco do Inferno, en la isla de Ons, toneladas de agua bombean muchos metros cúbicos de aire, que producen un ronquido que emerge del fondo de la tierra, pero también del fondo del mar.

CABALLITOS DE MAR

Hippocampus guttulatus

(((Foto síntesis del parque)))

A muy pocos metros de los miles de turistas que ocupan las dunas y el largo arenal de Rodas, en la isla central de las Cíes, unos pocos caballitos de mar flotan en las aguas someras. Buscan las aguas interiores, de cara a la ría, más tranquilas y donde pueden resistir la fuerza de las corrientes. Erguidos, a diferencia de la postura habitual en los peces, con el cuerpo acorazado y un tubo en la boca por el que sorben, con gran ruido. Anclados por la cola prensil a los tallos de algas laminares y plantas sumergidas, estos peces de la familia de los signátidos se buscan para proceder a la reproducción. Y cada vez parece que lo tienen más difícil. En los fondos marinos más ricos de una de las costas más productivas de la orilla oriental del Atlántico, las científicas que los investigan los cuentan por individuos, y cada año apenas dan con unos pocos ejemplares.

bit.ly/3FKeotD

El primer nudo de la red

PICOS DE EUROPA

Una enorme mole de roca caliza rota, astillada, partida en tres bloques, todos ellos perforados por fisuras, hundimientos y grandes simas. Un mundo estéril, salvaje y mineral en cuyos recuencos y mesetas crecen mullidos prados y arraigan algunos árboles. Llevan el nombre de «picos», pero albergan extensos bosques de hayas, bosques de niebla, robledales y bosques mixtos. Y las aguas, muy abundantes a causa de un clima lluvioso, encuentran dificultades para fluir, se filtran por las rocas, se desparraman en cascadas, rompen las montañas para escapar por profundos desfiladeros.

El Parque Nacional de la Montaña de Covadonga, primero de la red, fue declarado como tal en el año 1918, aunque circunscrito prácticamente al macizo de Cornión, en Asturias. Tres cuartos de siglo después, en 1995, el parque se amplió hasta unos límites más coherentes, con la inclusión de buena parte de los Picos de Europa. Tras posteriores ampliaciones, el espacio protegido ocupa en la actualidad algo más de sesenta y seis mil hectáreas. Tres macizos montañosos —Ándara al este, los Urrieles en el centro y el Cornión al occidente—, tres comunidades autónomas —Asturias, Cantabria y Castilla y León—, tres administraciones distintas, una por comunidad. Un puzle de tres piezas que a veces funcionan como entidades separadas, coordinadas por un peculiar sistema directivo de turno rotatorio.

CON LA VISTA Y EL OÍDO DE LOS BUITRES

Cumplo el sueño de cualquier naturalista: contemplar la montaña con la visión de un pájaro. La de un buitre que vuela en una corriente térmica, se apoya en el aire y mira desde las alturas los territorios que se extienden bajo sus alas. Vuelo en tándem en un parapente sobre la vertical del monasterio románico de Santo Toribio de Liébana, colgado en un arnés delante del monitor de vuelo. Y me dedico a ver y oír. Hemos saltado desde muy arriba, en lo alto de un cerro, y ascendemos rápidamente. La primera impresión, viendo ahí abajo las líneas cuadriculadas del monasterio, el claustro y su iglesia, es que la naturaleza abomina del ángulo recto. Como muestran las curvas de nivel y los trazados de los mapas, la naturaleza huye de la línea recta.

En la térmica, en vuelo aerostático, volamos dentro del viento, la corriente no nos golpea y escuchamos, con el oído de un buitre, las voces dispersas de las aves que cantan en los hayedos; los parloteos musicales, confusos, entremezclados, de mirlos y zorzales, los únicos con la suficiente fuerza en la voz como para llegar hasta aquí arriba. Muy cerca, a nuestro alrededor, chascan las chovas, las piquirrojas, de voz rota, y las piquigualdas, de chillidos agudos, que, como córvidos curiosos, se acercan a inspeccionar al extraño invasor.

Pero cuando la fuerza ascendente se agota y necesitamos saltar a otra térmica, navegamos «pico a viento», en vuelo aerodinámico, con el viento en la cara, la vela del parapente hinchada y los tensores rígidos. Escuchamos el roce del aire en la vela, como un buitre lo escucha en las plumas primarias de las alas. El viento duro no deja oír nada más,

Vista aérea de los Picos de Europa.

pero, a cambio, el panorama más espectacular se extiende ante nuestros ojos. De tú a tú con la altura de los picos, tras las montañas que conducen a Fuente Dé y su funicular, se superponen en un único plano los tres macizos que componen el sistema de los Picos de Europa: Ándara, los Urrieles y el Cornión. Un alineamiento de montañas astilladas, junto con moles de calizas redondeadas, en el que a veces se atisban las brechas de los desfiladeros por los que se cuelan ríos como el Cares.. Ahí arriba no tengo mapas, ni fotografías, pero consigo reconocer las dos alturas principales, Peña Santa y Torrecerredo. Intento localizar el Urriellu, el Naranjo de Bulnes, la montaña más icónica, pero de sobra sé que está más hundido, fuera de la vista incluso para esta atalaya flotante. La cordillera es un mosaico. Cumbres rocosas: los dominios del rebeco cantábrico, del águila real, de los quebrantahuesos y los buitres leonados; estos sí, habitantes del mundo de las térmicas. Espesos bosques por donde merodean el oso pardo, el lobo y el corzo; en los que antes cantaba también el urogallo, ahora prácticamente desaparecido. Macizos de roca caliza perforados por grandes *jous,* hundimientos del terreno donde se abren infinidad de dolinas y algunas de las simas más profundas de Europa. Desde aquí arriba, incluso a esta hora, a media mañana de primavera y bajo el sol, en algunos valles se agarran las nieblas más tenaces, las *encainadas,* el vaho que exhalan los bosques recién regados por un chaparrón primaveral.

Y por todas partes, entre picos, *jous,* peñascos, despeñaderos y bosques, las brañas de verano y los invernales para la mala estación. Los prados de diente y siega en los que pastan las vacas casinas, asturianas de los valles, las tudancas y las pardas alpinas, que emiten el auténtico fondo sonoro de estas montañas. A esta altura, con el oído de los buitres, escuchamos el tintineo del ganado.

Vaca asturiana de los valles.

Majada Gumartini.

))) EL AÑO DEL BOSQUE ATLÁNTICO

Septiembre en el borde del bosque. Algunas hayas dispersas cercan el hundimiento donde está instalada la majada Gumartini, en la Montaña de Covadonga, campeona casi siempresiempre en la elaboración de los quesos *gamoneu de puertu.* Todo el rebaño dormita tranquilo. Rumian las vacas rubias de raza casina, la asturiana de las montañas, tumbadas en los prados, y el campaneo lento de los cencerros responde a las convulsiones de los estómagos. Las cabras son más nerviosas; incluso cuando están quietas, no paran de hacer ruido. Más tranquilas son las ovejas lachas, todas ellas encerradas en el perímetro de la majada. Un mastín ladra a ratos, en protesta contra el molesto intruso en la noche tranquila. Y un cárabo marca el paso de las horas encaramado al haya que cierra el acceso al *jou,* el hoyo donde se encuentra la majada. Llevo varios días aquí, conviviendo con los pastores, echando una mano en la elaboración del queso, intentando ver a los lobos que merodean por la zona. Una luz intermitente, un espantalobos, parpadea como última barrera disuasoria. Queda el silencio de la noche, más inquietante que todos los sonidos del día.

Otoño en los hayedos de Corona, en Valdeón, junto al muro circular del chorco de lobos, la trampa traicionera. Aún tintinean las vacas, que apuran los pastos antes de que el frío las lleve a recogerse en los establos. Corre el Cares camino de las inmensas puertas de piedra que se levantan sobre Cordiñanes, donde el río se encajona en el desfiladero que separa los macizos de Urrieles y Cornión. Por todas partes, a la luz rojiza del bosque en otoño, reclaman los petirrojos. Algún trepador azul lanza largas series de silbidos. En el silencio de fondo ladra un corzo. Y silba en vuelo un picamaderos negro. Poco más: el otoño es una estación silenciosa.

Invierno en el hayedo cerca de Fuente Dé. Tras un largo recorrido a pie, con raquetas, por los puertos nevados de Áliva. En la nieve ventisqueada se forman ondulaciones y crestas. El ganado ha desaparecido y la niebla avanza, viene desde la zona de Sotres y amenaza con cubrirlo todo en un rato. Así que me apresuro a bajar deprisa hacia Espinama. Pero en la naturaleza las prisas no las decide uno. Un gato montés, espléndido en su pelaje invernal, con el cuerpo gris atigrado y la cola anillada, husmea a paso lento por la campa nevada. A cada paso palpa, se para a escuchar, atento a cualquier ruidillo, por si bajo la capa de nieve rebulle algún roedor, una rata topera, un topillo incauto que haya despertado del letargo. El gato acaba por detectar mi presencia —demasiado ruido manipulando a la vez la cámara y el micrófono— y se aleja con un trote tranquilo. Las orejas, eso sí, giradas hacia atrás, para vigilar cualquier otro movimiento.

El gato no ha dicho nada. En el hayedo, ramas grises y suelo blanco, tampoco se escucha gran cosa, salvo algunos chasquidos y siseos de los pocos pájaros forestales que no han migrado valle abajo. Y el crepitar de las ramas mecidas por el viento, que compone la urdimbre sonora de este tapiz helado.

Final del invierno. Día especialmente templado en los bosques mixtos de hayas y robles de Vegabaño y Sajambre, bajo la imponente mole de Peña Santa. Al bosque aún no han llegado las aves estivales, las que dominarán con sus voces los meses de primavera, y toda la atmósfera sonora es para las aves sedentarias, ligadas a sus árboles a pesar del frío. Junto al auténtico tótem del bosque, el venerable Roblón de Cuesta Fría —más de quinientos años de edad, un perímetro de ocho metros y más de dieciocho de altura—, canta, con voz potente y bien modelada, el primer zorzal del año. Canta también su primera frase un carbonero palustre, que se confunde con los silbidos apresurados de los trepadores azules y los carraspeos de los agateadores, dos pájaros del bosque profundo que en su nombre llevan el aspecto y su forma de vida. Y, de pronto, un sonido que, por inesperado, me cuesta reconocer. Un chasquido que asocio más con los prados alpinos, con los riscos y pedreras de alta montaña. No lo veo, pero un rebeco ha invernado en el hayedo, busca refugio contra el mal tiempo y lo recorre en busca de alimento.

A la mañana siguiente, este mismo silencio blanco cambiará. Con el fuerte viento se desata la nevada. Los copos trazan líneas horizontales, los árboles crujen y chillan. El viento brama en las arboladuras. Todo el bosque cruje, se retuerce, grita como un navío en una tempestad en alta mar. La nieve en polvo se arremolina, forma tirabuzones y no tiene donde acumularse en estos bosques despejados, sin rincones.

Estalla la primavera en el hayedo de Pome, al pie de la Vega de Enol. En pocos sitios el bosque encuentra tantas dificultades para crecer, para formar una masa cerrada de árboles. El terreno es un canchal, un caos de rocas rotas, atravesadas por canales, agujeros y hundimientos. Sería un laberinto pétreo si estuviera pelado, pero las hayas han encontrado formas de crecer entre las fisuras. Las raíces avanzan, las rocas se fragmentan. En terrenos lisos, los hayedos son bosques de vuelo alto, en los que la vista se pierde bajo las copas; arboledas oscuras sin sotobosque. La vista solo se topa con obstáculos. Cada hundimiento es una trampa natural para el ganado, los pastores pierden los días y la voz rebuscando a los animales desaparecidos. Incluso los ágiles rebecos y corzos se empozan aquí. Por tanto, el hayedo es el cazadero perfecto para el lobo. Pero los lobos, perseguidos y acosados, han aprendido a estar callados.

Quien no calla es el resto del bosque. Ya han llegado todas las aves estivales y se escuchan las mil lenguas de los pájaros. La de los cucos, currucas, mosquiteros ibéricos y papamoscas, entre otras. Lanzan los cacareos en vuelo los picamaderos negros. El tamborileo del más grande de los pájaros carpinteros corre bajo el bosque, un sonido percutido, arrancado a golpes de escoplo a los troncos más duros, con sonoridad a madera vieja. Una parla enmarañada rellena toda la atmósfera sonora. Decenas de zorzales y mirlos lanzan sus estrofas a la vez, las más líquidas y musicales del elenco sinfónico del bosque. Como en un coro bien armonizado, los trinos de uno se entrelazan con el silabeo de los otros y componen así una música que viene de todos los rincones del hayedo. Truena, empieza a llover, y las hojas anchas de las hayas amplifican el sonido de los primeros goterones. Llueve, pero no tanto como parece. Aquí, además, en la cordillera cantábrica, la lluvia de primavera no asusta a nadie. Y, como tirando del hilo de la maraña de voces, destaca el canto poderoso, imperativo, de un zorzal que sigue, como si nada, cantando bajo la lluvia.

El ciclo del hayedo se cierra en verano, bajo la luna y las aves de la noche. Lejos, desde el fondo de la oscuridad, ronronea la línea continua de un chotacabras europeo. Más cerca, los nuevos cárabos han salido del nido y deambulan de acá para allá. Los jóvenes búhos peregrinos invaden los territorios establecidos y provocan constantes conflictos territoriales. Gritos de alerta, ululatos amenazantes. Todo contra el tintineo sereno de los cencerros de las vacas que pastan la hierba fresca de las noches de verano.

Los dominios del rebeco cantábrico.

Adiós a los gallos de monte

En la primavera del año 1992, junto con varios miembros de la guardería del parque nacional, que por entonces solo era de la Montaña de Covadonga, pude acercarme a un urogallo en su cantadero. Fue en Soto de Sajambre. Con todas las precauciones, todos los cuidados, nos acercamos a un gallo en plena expansión de celo, un macho encaramado a la rama baja de un haya. Escuchamos también otras voces: los silbidos y gruñidos de las becadas en círculos sobre las copas y los ladridos broncos de un corzo que escapaba ladera arriba. Las mismas que, como una trilogía, escucharía después en varias ocasiones, durante las noches de aguardo en otros cantaderos. Después de pasar las dos horas más inmóviles de mi vida, nos alejamos con la satisfacción de saber que la voz rota proseguía con su charla, señal de que no habíamos sido detectados. No habíamos interrumpido nada. Escribí entonces un texto que, de tener que hacerlo hoy día, debería ser conjugado en pasado. Los urogallos han desaparecido de los bosques de Sajambre; en realidad, probablemente ya lo hayan hecho de todo el perímetro del parque nacional, y pronto lo harán de la cordillera cantábrica. Nadie sabe muy bien lo que pasa. Pero sea el cambio climático, los desajustes entre la fenología y el fotoperiodo, la endogamia extrema como consecuencia de la caza abusiva o cualquier otra razón, lo cierto es que los gallos de bosque se extinguen en el Cantábrico. De la trilogía del hayedo ya solo quedan dos.

Soto de Sajambre, en un cantadero de urogallos, mayo de 1992.

Noche cerrada de abril, fría y estrellada. Algunos restos de nieve clarean en el suelo. Sobre las ramas y bajo las estrellas, un macho de urogallo lanza la estrofa completa: redoble, tableteo, taponazo y seguidilla. Por detrás de él, solo el murmullo silencioso del bosque. El gallo de monte calla, asustado, al escuchar el ladrido de un corzo.

Una becada sobrevuela en círculos el cantadero, que coincide con el territorio de este habitante de la profundidad de los bosques. Al cabo de un rato el urogallo recobra la confianza y reinicia el canto.

UNA ESPERA POCO PRODUCTIVA A UN REBAÑO DE REBECOS

Aunque, como se verá, no hay espera inútil. Un aguardo en la montaña nunca decepciona.

Hacia la Vega de Ario, cerca del pico Jultayu, al borde del despeñadero que cae hacia la garganta del Cares. En la niebla todo cuidado es poco. No los vemos, pero sabemos que están ahí, a un centenar de metros ladera abajo. Un grupo de rebecos, tres machos adultos, varias hembras y algunas crías. De la bruma emergen pisadas, trotes, toses y balidos; de vez en cuando un silbido arrastrado delata una cierta inquietud. Pero, en general, el rebaño pasta confiado.

En realidad, todo el lugar está tranquilo. Tanto, que un bando de chovas piquirrojas se aproxima y nos sobrevuela con sus chasquidos desgarrados. Entreveradas con ellas vienen algunas chovas de pico amarillo, las piquigualdas. Y el eco, pegado a sus voces, dibuja las dimensiones del valle.

La niebla es cada vez más espesa. Pero al caer la tarde abre, solo durante unos segundos. Suficientes para comprobar que los rebecos ya se han ido.

Quebrantahuesos adulto en vuelo.

ANATOMÍA DEL PLUMAJE DE UN AVE

La fotografía de este quebrantahuesos en vuelo es como una ficha personal. Las escarapelas rojas con la inscripción 1J y las anillas en las patas la identifican como Guada, una hembra nacida en un centro de cría y liberada con unos pocos meses de edad en julio de 2020, cerca del lago de La Ercina. Es uno de sus primeros vuelos: lo indica el plumaje nuevo, sin desgaste (véase pág. 44). Todas las plumas grandes, las rémiges de las alas y las rectrices de la cola, están afiladas como cuchillos, rematadas por una pequeña cuña blancuzca. Se encuentra en pleno aleteo, todas las plumas de vuelo desplegadas, como dedos, y la cola abierta, para controlar mejor la maniobra. El álula sobresale en el borde de ataque, en la articulación del primer dedo, donde arrancan las largas primarias; esta estructura ayuda a mantener la sustentación en el vuelo a baja velocidad, de la misma manera que los *slats* de los aviones les permiten maniobrar sin entrar en pérdida. Respecto a la coloración, apenas destaca la estrecha franja pardo-grisácea de las infracoberteras alares. El resto del cuerpo aparece tachonado de blanco. Los ojos son grises, lejos del color rojo encendido de los adultos. Y no hay ni rastro de la tonalidad anaranjada que adquirirá años después, debido, en parte, a la tinción con el barro de la roca caliza. Con su plumaje nuevo, este quebrantahuesos tiene toda la vida por delante.

El vuelo de Guada establece un nuevo vínculo entre los Picos de Europa y Ordesa. Nació en el centro de cría en cautividad que la Fundación para la Conservación del Quebrantahuesos gestiona en los Pirineos, y fue liberada aquí junto a otros dos ejemplares.

))) *HACKING*, DE LA JAULA A LA LIBERTAD

Asegurar que un ave nacida en cautividad, acostumbrada a recibir la comida cada día, aprenda a sobrevivir en libertad es un proceso difícil. La técnica del *hacking*, en inglés «cortar», consiste en romper todos los vínculos de las aves con sus cuidadores para que, obligadas por el hambre, se lancen a buscar su comida. En la práctica, el *hacking* es tanto el método como las instalaciones necesarias para ponerlo en práctica. En Picos de Europa, la Fundación para la Conservación del Quebrantahuesos —FCQ— tiene instalado un enorme jaulón en un cortado rocoso perdido, fuera de las rutas transitadas. Allí, Guada, la hembra ya crecida del plumaje perfecto, y Resalao, un macho de su misma edad, llevan varias semanas observando el territorio, fijando en la memoria hasta los últimos detalles de los que pronto serán sus dominios. Mientras, por un acceso oculto, los cuidadores les llevan la comida, cada día un poco menos. En la parte superior de la jaula se ha abierto una escotilla, por la que al principio asoman tímidamente. Cualquier amenaza —un águila real, un cuervo especialmente agresivo, una marta— hará que vuelvan inmediatamente a la protección de la jaula. El día que yo llegué, acompañando a Javier Gil, técnico de la fundación, tres pollos estaban encaramados fuera, pero solo dos de ellos eran del año. El tercero, con el plumaje de un subadulto, se había acercado a curiosear y estar un rato entre los suyos. Los pollos hambrientos, capaces ya de volar, proferían desgarradores piidos. Y a ratos se lanzaban al aire, daban unas vueltas y volvían a la seguridad de la reja conocida. Este momento es muy importante en el desarrollo mental de cualquier ave, ya que tiene que aprender a comparar las imágenes memorizadas del territorio, desde el posadero, con las del nuevo punto de vista obtenidas desde el aire. En estos primeros vuelos, por tanto, las aves aprenden a interpretar las imágenes captadas en visión tridimensional, a orientarse a partir de puntos conocidos. Pero ya habían olvidado la mano que les dio de comer. Sabían, a la manera en que sepan las cosas los buitres, que la supervivencia era asunto suyo.

La historia de Guada y Resalao no ha ido mal. Durante estos años los técnicos de la fundación han seguido de cerca sus desplazamientos. A falta de un territorio parental, han sido fieles a los paisajes que vieron antes de volar. Se han alejado muy poco, señal de que en los Picos hay espacio para ellos. Y llegan informaciones de que, en su quinto año de vida, Resalao ha encontrado compañera y ambos intentan criar a su primer pollo. Este sí, nacerá libre.

Guada en pleno vuelo.

PICU URRIELLU

El Naranjo de Bulnes

No es la montaña más alta —2.519 metros— ni la más peligrosa. Pero sí es la más icónica. El Picu Urriello, el Naranjo de Bulnes, por la coloración de algunas placas de roca dolomítica que cubren la vertical cara oeste. Todo el mundo conoce su perfil desde el norte, desde el mirador de Camarmeña, por ejemplo; la caída a plomo de quinientos treinta metros de la cara oeste, el largo plano inclinado de la cumbre truncada. A diferencia de la mayoría de las montañas más altas, como el Monte Perdido o el Mulhacén, el Urriellu no se eleva sobre un macizo y saca la cabeza por encima de las demás. Es una montaña de una pieza, una piedra singular, desgajada y hundida entre los otros gigantes que la rodean. De todas las montañas del continente europeo, quizá solo el Cervino de los Alpes, mucho más grande y técnicamente más difícil, desempeñe un papel tan relevante en la iconografía popular. La galería de quienes han ascendido sus paredes la abren dos personajes singulares. Pedro Pidal, marqués de Villaviciosa, impulsor del primer parque nacional, este de la Montaña de Covadonga —que, por cierto, no incluía al Urriellu—, y Gregorio Pérez, el Cainejo, un guía de caza del cercano pueblo de Caín, tan encajado en la verticalidad que, según se decía, la gente allí no muere, sino que se despeña. La ascensión, el 5 de agosto de 1904, fue por la cara norte y consta en los anales del alpinismo. En los tramos difíciles el guía, descalzo, se subía sobre los hombros y la cabeza del marqués, como si fuera una escalera humana, y después tiraba del aristócrata con una cuerda de pita atada a la cintura. Después vendrían muchos otros, prácticamente toda la nómina de escaladores hispanos, con su correspondiente goteo de hazañas imposibles, tragedias y rescates heroicos. El Naranjo de Bulnes, el Urriellu del macizo central de los Picos, representa toda la esencia de la alta montaña.

bit.ly/41Wy8li

(((El eco en la montaña)))

ORDESA Y MONTE PERDIDO

Parece que todo en Ordesa suena dos veces. Escuchamos las voces de las aves, primero en su garganta, inmediatamente después dobladas por el eco, estiradas por la reverberación. Lanzan las chovas sus gritos —las piquirrojas, como chasquidos restallantes; las piquigualdas, más agudas— y la pared de piedra los devuelve alargados, deformados. Chilla una marmota y algún paredón cercano responde. Restalla el rayo y durante muchos segundos el retumbo del trueno rueda ladera abajo, rebota en las paredes y rellena todo el espacio del valle de Ordesa. La mayor cámara de resonancia de la naturaleza.

El conjunto, declarado parque nacional en 1918, apenas unas semanas después que el de la Montaña de Covadonga, se extiende por más de quince mil hectáreas por el tramo central del Pirineo aragonés, en la provincia de Huesca. Comprende la inmensa mole del macizo de las Tres Sorores, «las tres hermanas» en el habla altoaragonesa, que son el Monte Perdido (3.355 m), el Cilindro (3.322 m) y el Soum de Ramond (3.263 m), así como los cuatro valles que parten radialmente a sus faldas, excavados por el correr de las aguas y, en el pasado, por los hielos de las sucesivas glaciaciones. Comparte toda su larga frontera con el Parc National des Pyrénées.

Una descripción convencional de este lugar puede empezar por el valle de Ordesa, el más conocido y que mayor carga de visitantes soporta, un profundo cañón tendido hacia el oeste, encerrado por paredones calizos verticales por cuyo fondo discurre el río Arazas, roto en mil cascadas. Otro cañón, Añisclo, hacia el sur, más angosto y umbrío, cuenta con una espesa vegetación de encinas en los fondos, a causa de las condiciones climáticas más favorables debidas a su orientación meridional. De menor entidad es la garganta de Escuain, un valle estrecho y corto. Y por último, el grandioso valle de Pineta, abierto hacia el este, ejemplo típico de morfología glaciar, con paredones laterales cortados a pico, caídas al vacío superiores a los mil metros y un fondo abierto, ancho y a menudo tapizado de praderas, por el que escurre el río Cinca.

Pero hay otra manera de describir sus formas, las paredes verticales, los esquinazos, las gradas y, sobre todo, su tamaño gigantesco.

TORMENTA EN EL VALLE

Como una avalancha de nieve que se descuelga de la cresta cimera, se pulveriza a medida que cae ladera abajo, rellena todos los huecos y deja una niebla de polvo blanco difusa que satura el valle, así se comporta el trueno. Comienza con un estampido en la cumbre, que por medio del eco se desgaja, retumba y rebota de una ladera a otra, se enrosca en cada oquedad, en el fondo de cada valle lateral, pierde fuerza a medida que ocupa un área mayor y acaba convertido en un rumor que desaparece suavemente. Los sonidos del trueno rellenan el espacio como la nieve en polvo de la avalancha rellena el valle.

Pocas cosas son tan estremecedoras como una tormenta en la montaña. Una tempestad por encima de 2.000 metros no es cosa de broma, un espectáculo que nadie debería buscar pero que, a la vez, todo caminante de la naturaleza debería conocer. En los Pirineos las tormentas son más frecuentes al final del verano y comienzos del otoño. En esos meses el cielo no es de fiar. Cada tarde, cuando el calor empieza a caer, nubes negras asoman por las cabeceras de los valles, el retumbo de los truenos inunda el espacio sonoro y con su vozarrón se impone sobre todo lo demás.

Para medir grandes distancias hacen falta grandes instrumentos. Y nada hay más grande en la montaña que el estampido de un trueno. Segundo a segundo, el trueno viaja valle abajo, desde que estalla en la cabecera hasta que se confunde con el rumor de los ríos. A lo largo de treinta y tres segundos, que es otra manera de medir los once kilómetros de longitud del valle de Ordesa si utilizamos la velocidad del sonido como vara de medir.

Segundo 0,00, a 0 m

Un rayo golpea cerca de la cima rocosa del Monte Perdido, la cota máxima del macizo de las Tres Sorores. El chasquido allí arriba, a 3.348 metros de altitud, produce un sonido estremecedor, seco e instantáneo. Tras la exhalación inicial del rayo, el trueno emprende un viaje montaña abajo y a su paso envuelve a los demás sonidos del paisaje.

Segundo 0,66, 224 m

Unas décimas de segundo más tarde el latigazo del rayo ya se ha convertido en el ronquido del trueno y se desliza por el angosto corredor de La Escupidera y los vertiginosos despeñaderos que lo rodean, hasta alcanzar las primeras fajas tapizadas de hierba, por encima de la cota 3.000. En su descenso, va avisando del final del buen tiempo y de la imparable llegada de la mala estación. Las primeras en recibir el mensaje son las perdices nivales que subieron tan arriba para criar durante los meses de verano y que dirigen sus cortas voladas cada vez más persistentemente hacia abajo, con el pico orientado al límite de los bosques.

Segundo 1,50, 510 m

Inmediatamente después el trueno, que ya ha caído más de 500 metros cuesta abajo, alcanza el dominio de las marmotas, a ambos lados del ba-

Nubes de tormenta sobre el Monte Perdido.

rranco por encima del refugio de Góriz. Su sonido es menos rotundo, sin aristas, resultante del efecto combinado de la atenuación por la distancia y de la multiplicación parcial al rebotar en las rocas. Contrasta con los silbidos agudos, cortos, audibles igualmente a gran distancia de estos roedores, los más grandes de nuestra fauna. Son silbidos que también atienden al anuncio del trueno, llamadas de despedida previas al letargo invernal y que escuchan los rebaños de sarrios que pacen por estas alturas, donde aún queda algo de hierba fresca. Quienes ya no escucharán ni una cosa ni la otra son los bucardos, las cabras montesas del Pirineo que han deambulado por estas altitudes hasta su extinción, hace apenas unos años.

Segundo 5,8, 2.000 m

El trueno retumba sobre el tejado y los cristales del refugio de Góriz, avanza hacia el borde del circo de Soaso. En su camino se ha cruzado con las bandadas de chovas piquirrojas y piquigualdas que, como cada tarde por estas fechas, hacen su carrusel. Se dejan caer desde las peñas y durante unas horas suben y bajan en grandes bandadas desde el fondo del valle hasta las praderas herbáceas, donde acaban picoteando por el suelo hasta que la oscuridad las empuja a buscar refugio en los cortados rocosos más inaccesibles.

Gradas de Soaso.

Segundo 9,35 a 15,52, 3.180 a 5.280 m

Seis segundos es todo lo que el trueno necesita para transformarse por completo, multiplicarse y difuminarse en el vacío. En el intervalo, su estruendo se confunde con el del agua que se despeña en la cascada de la Cola de Caballo y alcanza la serie escalonada de las Gradas de Soaso, uno de los lugares emblemáticos de todo el Pirineo. Su voz se desboca como una avalancha en el cañón de Ordesa. Aquí los sonidos rebotan y se amplifican una y otra vez. Las frecuencias agudas son absorbidas por la vegetación y la atmósfera, mientras que las más graves viajan en la distancia para regresar como eco y rebotar en una arista que las devolverá por el cortado del otro lado del cañón.

Segundo 20, 6.800 m

Zorzales, mirlos, picamaderos negros y, en general, toda la comunidad de aves forestales enmudece en el Bosque de las Hayas. Es otoño, y pronto las hojas empezarán a virar hacia colores cálidos.

Segundo 24,46, 8.300 m

Al llegar a la pradera de Ordesa el trueno lleva noticias del mal tiempo para los visitantes, que dudan si emprender o no una excursión.

Segundo 33,7, 11.460 m

Treinta y tres segundos después, once kilómetros más abajo, el retumbo se difumina, se disuelve en el rugido de la cascada de Molinieto y en el rumor de fondo del valle, hasta que enmudece por completo al llegar al puente de los Navarros, donde el río Arazas confluye con el Ara.

Y todo esto inmediatamente antes de que el siguiente rayo impacte contra las cumbres de las Tres Sorores y comience un viaje de medio minuto sobre las rocas, praderías, perdices nivales, marmotas, sarrios y el recuerdo de los bucardos. Un viaje que va dibujando eco a eco, retumbo a retumbo, la forma del valle de Ordesa. La más grandiosa sala de conciertos tallada por el hielo y el agua a lo largo de los tiempos.

El último bucardo

Los sarrios dominan las alturas. Pero hasta no hace mucho otras cuernas asomaban por encima de las cumbres.

Desde su constitución como parque nacional en 1918, Ordesa ha sido considerado el último refugio del bucardo pirenaico, la variedad endémica de cabra montesa, la más montaraz y agreste de las tres razas ibéricas. Acostumbrada a asomarse a los bordes del abismo, acabó asomada al abismo de la extinción.

La mala situación de la especie venía de antiguo. Ya en el año 1918, en un artículo de la revista *MONTES*, se escribía de los últimos bucardos, «de los que quedan aún algunos ejemplares, que seguramente se multiplicarán en cuanto cese la persecución de que hasta ahora han sido víctimas». Mal pronóstico. Desde entonces, los rebaños nunca sumaron más de unas pocas decenas de individuos, aquerenciados sobre todo en la ladera de umbría del valle de Ordesa, en los bosques más tupidos sobre la faja de Pelay. El declive prosiguió, con varios intentos a la desesperada que frenaran lo inevitable, incluida la clonación o la hibridación con cabras de las otras subespecies ibéricas. Nada funcionó y la última hembra, la última de los bucardos, murió en el año 2001 y su cuerpo se exhibe tétricamente disecado en un museo.

La historia del bucardo en los Pirineos terminó así. Pero no la de las cabras montesas. En los últimos diez años se han hecho algunas sueltas en el lado francés del macizo, con ejemplares traslocados desde la sierra de Gredos. Las observaciones son frecuentes por el lado español: asoman tímidamente por las cumbres. Es de esperar que, a diferencia de los últimos bucardos, a estas cabras les vaya mejor. Además, las montesas de Gredos tienen acreditada la buena suerte. Por los mismos años en que se declaró el parque nacional para proteger al bucardo, ellas también se asomaban a su propio precipicio. Diezmadas por la caza, apenas quedaba un rebaño formado por un macho, siete hembras y tres o cuatro chivos. Pero allí también se actuó, y hoy día la variedad original de Gredos goza de buena salud y se expande por otras serranías. En la Pedriza del Manzanares, por ejemplo, en el Parque de la Sierra de Guadarrama, han proliferado tanto que ya amenazan la cobertura vegetal. Y a falta de lobos y águilas reales, el control de la población se hace por medios más drásticos. No sabemos cuál será el futuro de estas cabras en el Pirineo. Mejor, seguro, que el triste final de los bucardos.

))) LA BRECHA DE ROLANDO

Por tanto, era previsible cuál había de ser mi primer pensamiento al llegar a la enorme escotadura de la brecha de Rolando: ¡Ojalá estallara una tormenta! Sería formidable escuchar los estampidos al rebotar en estos paredones de cien metros de altura, atravesar de un lado a otro de la montaña por una abertura de cuarenta metros. Sacudidos por todos los vientos, aullando al rozar las aristas de esta ventana gigantesca por la que la tormenta retumbase, alternativamente, a través de los valles de Ordesa y Gavarnie. Una temeridad.

El nombre de la entalladura proviene de la cólera de Roland, sobrino de Carlomagno, que, en la retirada del ejército franco tras la batalla de Orreaga, Roncesvalles, sacudió un mandoblazo con su espada Durandarte y abrió el hueco en la montaña. La «gesta» quedó marcada para siempre en la roca, aunque no consta en la *Chanson de Roland,* la canción de gesta más importante de la literatura franca medieval.

Desde el lado sur la brecha es omnipresente. Una discontinuidad en una línea, como el agujero que deja la falta de un diente en una dentadura perfecta. Vista en la lejanía, desde Jaca o cualquier oteadero que permita percibir el perfil montañoso, no es posible hacerse una idea del tamaño. Pero merece la pena intentar la ascensión. La más fácil, al menos la que yo he afrontado, parte del refugio de Góriz. Horas de caminata por praderas en las que afloran los estratos de roca que trazan amplios círculos, para avanzar por un terreno más difícil y dejar a un lado —lástima— la cueva helada de Casteret, cerrada para proteger sus hielos en peligro. Transitar después al pie del Casco por la senda de los Sarrios, bien agarrado a una cadena, un quitamiedos en la pared vertical, y acceder al fin al mejor balcón posible sobre el valle glaciar de Gavarnie y las suaves laderas descendentes del Bearn. Y, prestando atención, escuchar el bramido de la cascada de Gavarnie, oculta por las capas superiores del gran circo de piedra. Una de las muchas cascadas de estas montañas, pero la más alta de Europa, con 423 metros de caída de agua que empieza siendo líquida y termina convertida en niebla pulverizada. La tormenta, por cierto, no estalló.

Brecha de Rolando.

Un sarrio se asoma al borde del cañón desde la zona de las Cutas.

EL SARRIO PIRENAICO

En la literatura alpina se atribuye al escalador George Mallory una respuesta clásica a una pregunta aburrida, mil veces formulada:

—¿Por qué escalar montañas?
—Porque están ahí.

Para los sarrios, los rebecos pirenaicos, la cuestión ni se plantea. Ellos son la respuesta de la evolución a todos los problemas de la vida en la roca, en un mundo vertical y cambiante. Trepan, saltan, bordean crestas imposibles, sestean al borde de los abismos. Malos corredores de fondo, incapaces de sostener la persecución de, pongamos por caso, un lobo, se enriscan con facilidad. La roca es su castillo. Quietos, recortados contra las paredes, teñidos con los mismos colores de la piedra, son el modelo vivo del arte de las cavernas. Pero a la luz clara del sol en la alta montaña.

Los rebecos trepan y descienden con la seguridad del mejor escalador. Sus pezuñas de ungulado tienen una almohadilla rugosa, una suela adherente, que les ahorra resbalones. Son capaces de abrir los dos dedos para aumentar la superficie de contacto y repartir mejor el peso en la nieve. Así pues, como los alpinistas, calzan suelas adhesivas y raquetas para la nieve. Y como los mejores de ellos, encuentran sin mirar, de manera intuitiva, los resaltes, los apoyos en sus vías de escalada.

En Ordesa es fácil ver los rebaños, sobre todo en primavera y verano, cuando salen de los bosques y se asolean en las pendientes. Su límite inferior está en los mil metros; el superior, en las cumbres de las montañas. Procuran evitar el contacto con las vacas que pastan en altura, agobiadas por los tábanos. Suelen asomarse al valle en pequeñas praderas entre rocas, los bordes superiores de los bosques, algún árbol aislado en una glera. Así, podemos pasar largo rato mirando una piedra a la sombra de un tronco para descubrir, con sorpresa, que la piedra se mueve. En primavera pastan en los bordes de los neveros los brotes frescos que nacen a medida que el hielo se retira.

Subo penosamente por el sendero y la vía ferrata del circo de Carriata, frente al Tozal del Mayo, una gigantesca pared aislada que preside el sector inicial del valle de Ordesa. Busco un lugar cerrado, un escenario entre rocas para grabar bien las llamadas y los ecos de las chovas piquirrojas y piquigualdas que gritan por todas partes. Y antes de doblar una esquina, percibo un fuerte olor en el aire. Un olor familiar, como a un hato de cabras. Me asomo con cuidado y veo, a pocos metros en el sendero, un pequeño grupo de sarrios, dos hembras adultas y algunos chivos. Una de las adultas rumia, inmóvil; la otra mordisquea la hierba que crece en una plataforma, mira a un lado y otro, sacude la cabeza, gira las orejas hacia delante y clava en mí sus ojos oscuros y profundos. Unos ojos que han visto todos los abismos de estas montañas. Me quedo petrificado, pero con gestos lentos preparo el equipo y empiezo a grabar. Las sarrias están rumiando, pero vigilan. Y entonces un chiflido característico, un chasquido agudo, potente, resuena entre las piedras y se propaga por el circo. Una de las hembras, la madre, seguramente, lanza una señal de alarma. Y la repite varias veces. Las primeras como advertencia, la última como orden para huir. Y todo el grupo escapa ladera arriba, por la vía más difícil, la que, de ninguna manera, yo podría seguir. Algunos guijarros se deslizan por la roca y el murmullo de la caída subraya aún más el silencio. Mientras, indiferentes a todo, las chovas continúan conversando con sus ecos.

Una cosa es estar adaptados a las rocas, y otra, a las alturas. Por toda su área de expansión los sarrios prefieren los terrenos de media montaña, altitudes moderadas por encima y por debajo de los niveles más elevados del bosque. Practican una migración estacional en altura. Buscan cobijo y alimento en la arboleda. Pero la intensa presión cinegética los ha empujado más arriba, más allá, lo más lejos posible del alcance de las armas de fuego. En Ordesa, como en otras montañas, encontraron su último refugio.

))) LA FUSIÓN DE LOS GLACIARES

En los primeros días de agosto del año 2020 los guardas del refugio del valle de Pineta informaron de que se habían escuchado grandes ruidos de derrumbe montaña arriba. Poco después las aguas bajaban turbias y cargadas de sedimentos, en su camino hacia el río Cinca. La causa estaba clara. El glaciar suspendido del Monte Perdido, una masa de hielo colgada entre 2.700 y 3.250 metros, estaba colapsando. El retroceso acelerado del glaciar, uno de los diecinueve que aún quedan en el Pirineo, viene de antiguo: desde el final de la Pequeña Edad del Hielo, en el último tercio del siglo XIX. Pero en las últimas décadas la fusión es imparable y cada año se baten récords. La subida de las temperaturas por causas antropógenas es innegable, cerca ya del grado y medio considerado límite antes de que el clima se desboque por completo. En las montañas, en los Pirineos, el calentamiento avanza más rápido que en cualquier otra zona; entre 2011 y 2020 las masas de hielo han disminuido en un veinte por ciento. El hielo de la cueva de glaciar de Casteret, situada cerca de la brecha de Rolando, ha perdido veinticinco centímetros de espesor. Los neveros, manchas de hielo menores, desaparecen antes y las plantas y los invertebrados se ven afectados. Y, con ellos, los rebecos que se alimentaban de los brotes frescos que nacían a medida que el hielo se fundía.

Recuerdo una noche de junio en la base del glaciar, asomados en el vivac al borde del balcón de Pineta. Durante la tarde, en la masa de hielo sonaban los juegos del agua, infinidad de pequeñas cascadas, el borboteo hueco de los regatos bajo túneles congelados, el goteo de la fusión por todas partes. Los ruidillos que describen el derrumbe de un edificio de hielo. Pero al caer el frío de la noche, el glaciar callaba, el agua detenida, y el rumor de la fusión no volvía a escucharse hasta que los primeros rayos de sol bajaban de las cumbres. Ya entonces era un ritmo de fusión acelerado, superior al de la reposición de las nevadas invernales. Ahora, con la perspectiva de unas pocas décadas, la imagen del glaciar del Monte Perdido es estremecedora. Cada vez más encogido, con afloramientos rocosos a la vista que habían permanecido ocultos durante milenios. Nada simboliza mejor la imagen de la naturaleza en retroceso que un glaciar que se funde, al que ni las nevadas invernales ni la altitud dan cobijo. Además, la llegada de vientos cargados de polvo sahariano, cada vez más frecuente como consecuencia de los cambios climáticos en el norte de África, cubre el manto blanco. Capas rojizas que acumulan la energía solar y se convierten en mantas con un fuerte efecto invernadero local. Cada vez más, el hielo blanco tiene el color de la roca.

El deshielo de todos los glaciares de montaña en Europa es una expectativa cierta. Una tragedia anunciada. Se pensaba que en los Pirineos el final de los hielos permanentes llegaría en la década de los cincuenta. Ahora, todo apunta a que el momento llegará mucho antes, quizá en diez años. El Parque Nacional de Ordesa y Monte Perdido se queda sin los últimos restos de los hielos que tallaron los perfiles de las montañas y excavaron los valles. Nada, ninguna linde, ninguna voluntad, puede dar protección a este mundo que se acaba.

Columna de hielo en la cueva de Casteret.

EDELWEISS

Flor de nieve

Foto síntesis del parque

La flor más conocida de las montañas no tiene nombre común en castellano. Y eso que es el logotipo por excelencia de clubs de montaña, equipos de rescate, editoriales alpinas, batallones de montaña y asociaciones varias. En otras lenguas se la denomina de mil maneras: «flor de lana», por la borra que cubre las brácteas blancuzcas —no son pétalos, aunque lo parezcan—, «garra de león», «estrella de glaciar», «estrella de plata» o, incluso, «inmortal de los Alpes». Pero la borra tomentosa de las brácteas no es lana; ni la planta crece en los glaciares, ni mucho menos entre la nieve, ya que su época de floración va de julio a septiembre, cuando el sol calienta la hierba de los pastos alpinos. Y, desde luego, no es inmortal. En los Pirineos es escasa; en Ordesa se encuentra al paso de los senderos altos, en praderas pedregosas de roca caliza, acompañada por especies endémicas con un mayor valor botánico. Y como todo aquello que amamos en las montañas, todo lo que esté asociado al hielo, la nieve y los glaciares, estas flores dependen de la estabilidad del clima alpino. Lo que no les augura un buen futuro. Pero la especie ha alcanzado un estatus universal como símbolo de la limpieza de la alta montaña y en todas partes se la conoce por su nombre alemán: *edelweiss,* la «blanca pura».

bit.ly/41EqoVc

(((El agua y la piedra)))

AIGÜESTORTES I ESTANY DE SANT MAURICI

El ciclo estacional de fríos, hielos, nieves y tormentas rige la actividad natural de los Pirineos. En consecuencia, el sonido de estas montañas es el de sus aguas. Desde el silencio blanco del invierno, cuando estas se encuentran retenidas en forma de hielo, hasta el estruendo del deshielo, formado por mil cascadas que rompen y desbordan los ríos. De los aguaceros de verano y su anticipo en forma de tormentas al vacío otoñal, cuando los cauces bajan exhaustos tras el estiaje. A menudo, al menos en 272 ocasiones, esas aguas se remansan en los numerosos *estanys,* lagos excavados en las laderas por la acción milenaria del hielo. De vez en cuando, en este mundo vertiginoso el terreno se estabiliza, busca la horizontalidad y obliga al agua a frenar, a describir cerrados meandros, tan lentos y pausados que es difícil adivinar el sentido de la corriente.

El Parc Nacional d'Aigüestortes i Estany de Sant Maurici fue declarado como tal en 1955. Tras sucesivas ampliaciones, el área protegida abarca 14.119 hectáreas, rodeadas, como es habitual en casi todos los parques, por una zona periférica de protección. A caballo entre la Alta Ribagorça y el Pallars Sobirà, asomado al norte hacia la Val d'Aran, contiene muestras de todos y los mejores paisajes de alta montaña. La roca granítica ha modelado el perfil quebrado de los picos, los escalones de piedra, las agujas y pináculos. También hay algunas intrusiones calizas, como la doble mole de Els Encantats. Desde los 3.033 metros de altitud del pico de Comaloforno hasta los cerca de 1.800 del *estany* de Sant Maurici o los 1.600 del de la Llebreta, las aguas que descienden, que se precipitan, más bien, hacia los valles riegan y modelan los picos y collados más inaccesibles, pero también las praderas más mullidas.

Bajo la mole doble de Els Encantats, la superficie del *estany* de Sant Maurici está completamente congelada, blanca. Ningún sonido sale del lago; el silencio de la montaña, con casi todas las aguas detenidas, heladas, es atronador. Todo lo más, se escuchan los rumores de arroyos ocultos que escurren bajo puentes de hielo. Y algunos pequeños estrépitos: la nieve que cae en minúsculas avalanchas de las ramas de los pinos negros, el deslizamiento de unos guijarros en una pedrera por la que cruza una tropa de sarrios. Inaudibles en la lejanía, unas cascadas se precipitan trazando largas parábolas antes de desaparecer de la vista tras las copas de los árboles.

Hasta que el sendero que rodea el lago se eleva ladera arriba y asoma a un pequeño mirador dentro del bosque. El murmullo que se escuchaba, primero a lo lejos, crece hasta convertirse en un estruendo. Ruge la cascada de Ratera. Un vapor helado, una nube de microgotas congeladas flota alrededor, se agarra a todo lo que toca, como una cencellada surgida no de las nubes, sino de la cascada, que parece que humea. En el borde exterior de una pequeña oquedad excavada por el agua cuelgan decenas de carámbanos, alineados como una reja en una ventana. El agua pulverizada salpica las acículas de los pinos negros y se vuelve a helar, encerrándolas en un sarcófago de hielo. De vuelta al lago, el ruido se apaga de nuevo y todo lo que se escucha en el bosque son las pequeñas avalanchas de la nieve en las copas y el silencio de la superficie blanca del lago.

Entre el estruendo de la cascada y el silencio del lago helado caben todos los demás sonidos que el agua puede producir al manar en las fuentes, deshelarse en las orillas, gotear en los desagües, escurrir por regatos entre la hierba, serpentear por praderas, rugir en las cascadas. Todo en Aigüestortes i Estany de Sant Maurici, incluido el nombre, conduce al agua.

Estany *de Lladres congelado.*

))) RAMADER ABANS QUE GUARDA

— Tienes que conocer a Juanito —me decían en el centro administrativo del parque nacional, en Boí.
— Has de subir con Juanito —confirmaba cualquiera con quien hablase.

Así que fui a conocerlo. Joan Gil, Joan del Sastre, Juanito de Boí, guarda del parque, antiguo pastor, uno de los últimos miembros de aquellas generaciones de montañeses que habían vivido de la montaña, del ganado y la caza, antes de integrarse en la mejor generación de guardas. Ya mayor, cerca de la jubilación, conservaba en sus piernas toda la energía necesaria para caminar ladera arriba, siempre apoyado en una tercera extremidad, una vara de avellano tallada —y esto era incuestionable—, bajo el influjo de la luna nueva de las noches de septiembre. Con ella Juanito salvaba los escalones en la roca, saltaba los arroyos, trepaba por las pedreras con la confianza de los *isards,* los sarrios, a los que localizaba por el ruido de sus pezuñas en las pedreras. Pastor antes que guarda, Juanito conocía todas las rutas de alta montaña entre Andorra, el Pallars y la Alta Ribagorça, las transitadas y las más secretas. Leía como nadie las líneas del paisaje, lo que le permitía ir a buscar una vaca perdida en sus tiempos de *ramader* o a un montañero extraviado ahora que era guarda. Alertaba del peligro de los desprendimientos en las pedreras, de los últimos pinos y abetos aislados en medio de las corrientes de roca, ejemplares siempre jóvenes, condenados a caer arrastrados en la próxima avalancha. Y, sobre todo, hablaba con la sobriedad de quien describe lo que ve como lo más natural del mundo, sin adornos, con la precisión de quien no ha dejado de observar con atención ni un solo minuto de su vida.

Con él entramos al dominio alpino por la garganta de Sant Nicolau. En el *estany* de Llebreta vacas brunas y ranas comunes comparten hábitat. Las segundas están en su elemento, los suelos de cieno y vegetación palustre; las primeras se sacuden la somnolencia de la rumia e intentan expulsar del suyo a los tábanos con furiosas sacudidas de la cola. El lago ocupa una amplia llanura, las aguas que lo alimentan fluyen lentas y la sedimentación es alta. Pero más arriba se encajan en el valle glaciar y las aguas blancas se despeñan con estrépito por la cascada de San Esperit, una de las muchas en las que se rompen por aquí los ríos.

Estany *de Llebreta.*

Vacas brunas dels Pirineus.

Trepador azul, zorzal charlo, picamaderos negro.

Rebasado este primer escalón, el valle se abre a unas praderas llanas por las que el río escribe su curso con líneas retorcidas. Son las aguas tortuosas, *aigüestortes,* que dan nombre a este sector del parque. Los mirlos acuáticos, que pasan como flechas sobre la corriente, siempre a punto de estamparse contra algún rápido, demuestran su habilidad en el vuelo acrobático al seguir esta ruta serpenteante. Numerosos torrentes afluyen por los costados, todos ellos con la naciente en alguno de los lagos colgados de las laderas. El sonido del agua calla casi por completo al llegar a los Prats d'Aiguadassi, cerca de la Font del Forn de la Pega, del horno de la pez, tan espeso es el bosque, tan lenta la corriente.

Pero en este ambiente silencioso lo que no dice el agua lo cuenta el bosque. Un clamor emerge de la arboleda, cantan los zorzales, los trepadores azules y los agateadores. Los páridos, carboneros y herrerillos de diferentes especies lanzan sus frases rítmicas. Pero, sobre todo, desde el interior de la masa arbórea llegan los gritos de los picamaderos negros, los *picots negres,* cuando vuelan, el relincho desde las ramas, el tamborileo contundente, profundo, contra los troncos más gruesos, de madera más vieja y resonante. Los picamaderos, carpinteros forestales, son esenciales para fijar a otros muchos animales del bosque. Los mochuelos boreales, por ejemplo, dependen absolutamente de los nidos tallados previamente por ellos; y lo mismo les ocurre a los lirones grises y, en general, a cualquier animal que busque un refugio cálido y seguro.

Un nuevo escalón asciende hasta el *estany* Llong, encajado en el fondo del valle, profundo como un lago escocés. A partir de aquí las aguas se dividen en decenas de torrentes y regatos que escurren por las laderas. El límite del bosque se alcanza pronto y el río entra en el dominio subalpino, camino del Portarró d'Espot, una de las divisorias más transitadas entre las dos vertientes de las cumbres. Entramos en el mundo de las marmotas en el suelo, las chovas en el cielo, los acentores comunes en las retamas y los treparriscos, claro está, en las rocas, con su silbido largo y melancólico. Muy cerca del Portarró, a 2.319 metros de altitud, nos acercamos al pequeño *estanyet* de les Granotes con la esperanza de escuchar a alguna. No sé a qué especie de rana se refiere el nombre, pero ninguna se anima a croar en estas aguas gélidas de alta montaña.

En el Portarró termina el recorrido con el mejor guía. La escucha de las comunidades de aves alpinas la haremos en otra ascensión desde la vertiente opuesta.

))) LA COMUNIDAD DE LA NIEVE

Trepamos con crampones por la ladera de nieve congelada que lleva al collado de Amitges. Hemos salido del refugio del mismo nombre dos horas antes de que empiece a clarear, en busca de un espectáculo efímero que tiene lugar unos minutos antes de amanecer. El día va a ser espléndido, la niebla duerme en el fondo del valle; pero aquí arriba la nieve y el cielo parece que despiden una luz interior que hace parecer más negros a los picos de granito (Tuc de Saboredo, Pic d'Amitges), más afilados los perfiles de agujas y pináculos. Es primavera, y aunque en la superficie helada no se mueve nada, por abajo suenan los arroyos y regatos; es como si toda la ladera fuese una amplia bóveda aplanada bajo la que escurren las aguas de un deshielo incipiente. Así que vamos con cuidado de no romper la costra y meter el pie en la corriente gélida.

Un gruñido, o un gorgoteo, mejor dicho, se escucha muy cerca, segundos antes de que un ave blanca como la nieve, con algunas manchas pardas y rojizas, como las piedras, vuele con estrépito de alas hacia el otro lado de la vaguada. El rumor del agua que nos separa enmascara ahora la segunda estrofa de eso que, a duras penas, podemos llamar «canto nupcial». En el inhóspito escenario de los hielos del amanecer los lagópodos alpinos, las perdices nivales, están en celo.

En la montaña la claridad total del día llega mucho antes de que los primeros rayos de sol levanten por encima de las cumbres. El primer sonido que se escucha por aquí es el canto de un colirrojo tizón, un carraspeo seguido de un sonido que, al menos a mí, me recuerda al que produce el papel de celofán arrugado. Los colirrojos son pájaros de las rocas a los que tanto les da vivir en los riscos de la alta montaña como en las paredes de las casas. En el aire gélido vuelan las alondras, el parloteo congelado en sus gargantas. Y silba su elaborada secuencia un bisbita alpino; cada fase del canto se corresponde con otra del vuelo, ascendente cuando lanza sílabas en un *crescendo;* descendente, como un planeo, acompañado por un largo silbido *in diminuendo*. Con el sol en las crestas, las chovas, piquirrojas y piquigualdas, suben en ruidosas bandadas envueltas en chasquidos y silbidos. Y cuando sus rayos, al fin, calientan el aire, desde el fondo del valle se escuchan los chilidos agudos de las marmotas, amenas conversaciones entre varios miembros de la comunidad de los prados, que anuncian que el día va a ser bueno.

Lagópodo alpino y chova piquigualda.

El día de la marmota

En los Pirineos el día de la marmota se celebra en abril. Cualquier mañana, un roedor flaco, demacrado y peludo despierta de su letargo y asoma el hocico a la boca de la madriguera donde ha pasado los últimos siete meses. Vea o no su sombra, una vez que ha despertado del torpor ya no va a volver a recluirse. Comienza entonces la buena estación.

Las marmotas nunca se alejan más de doscientos metros de sus madrigueras. En ellas viven en familia, hasta veinte miembros de diferentes generaciones juntos en cámaras profundas, confortables. Al amanecer asoman a la boca de sus cuevas, comen un rato, miran hacia el valle, mantienen amenas charlas con sus vecinas. Parece que silban, pero en realidad su voz es un ladrido muy agudo. En su código sonoro, un grito doble, o dos o tres seguidos, transmiten seguridad: sin peligro. Una serie larga anuncia una amenaza incierta, alguna silueta sobrevolando el valle, unos excursionistas lejanos; una señal que provoca más curiosidad que inquietud. Pero un chillido agudo, estridente, es señal de peligro inminente, una orden para correr a la seguridad de la cueva: una silueta en el cielo, un cuervo, quizá un buitre o un quebrantahuesos, ha sido confundido con un águila real. La alarma nunca dura demasiado; pronto, todas las comadres están de nuevo en la boca de su residencia, charlando a su manera mientras pastan, toman el sol y se desperezan en las piedras. Para olvidar el frío de la noche captan todo el calor posible en su cuerpo rechoncho, duermen alguna que otra siesta pasajera... Siempre con el oído atento a las señales de las vigilantes de la comunidad. Una cena temprana y de vuelta a la madriguera antes del comienzo del crepúsculo. Día tras día, desde las primeras floraciones de la primavera hasta la llegada de las tormentas de otoño. Cinco meses de vigilia y siete durmiendo. Sol, comida y una casa con vistas. La buena vida de las marmotas.

Las marmotas alpinas llevan poco tiempo por aquí. Sus gritos, tan característicos del verano en la montaña, debieron de causar sorpresa entre ganaderos y montañeses cuando empezaron a escucharse. Sus antepasadas se extinguieron hace más de quince mil años, pero a mediados del pasado siglo, en 1948, fueron reintroducidas en la vertiente francesa de la cordillera, con ejemplares traídos de los Alpes. Las causas no están claras; al parecer fue idea de alguna asociación de cazadores con la intención de proporcionar un nuevo alimento a las águilas reales para que dejaran en paz a «sus» sarrios. Años después las marmotas entraron a España por Aragón, y en la actualidad es una de las presencias más visibles y, sobre todo, más audibles de los prados alpinos. Por Cataluña se las empezó a escuchar hacia 1974, por los puertos del Pallars Sobirà, y cada año colonizan nuevos espacios. Se calcula que la velocidad de avance del territorio ocupado por la especie es de 632 metros por año. Todavía caben muchas marmotas.

Noche estrellada en el bosque.

))) LA COMUNIDAD DE LA NOCHE

En un bosque de pinos negros con algunos rodales de abetos, en la vertiente oriental del parque. Presto atención a cualquier ruido, pisadas en la nieve o chasquidos de rama, por si asomase por ahí alguno de los osos pardos que merodean por los bosques del Pallars y la Val d'Aran. Pero no hay suerte. O quizá sí, dado el carácter agresivo de algunos de ellos. Solo un mochuelo boreal remueve el silencio de la noche. Sin interrupción, durante horas, lanza largas y monótonas series de siete u ocho notas líquidas, con un ataque fuerte, separadas por pausas exactas de cuatro segundos. Parece que su voz está regida por un metrónomo. Un macho busca compañera y le ofrece su territorio, una amplia zona de bosque maduro, repleta de topillos y demás roedores. El mensaje alcanza todos los rincones del bosque en un radio de dos kilómetros. Para nuestro oído, claro está, aunque sería interesante saber a qué distancia lo captarán sus destinatarias. A ratos, la secuencia se vuelve irregular, las pausas cambian de duración y las series de notas son más cortas. Buenas noticias: el mochuelo ha detectado a una hembra por los alrededores. Tal es el código de comunicación de esta rapaz nocturna, una especie tan escasa que hasta hace unas décadas no constaba en la lista de aves ibéricas.

A ratos, aunque no con la tenacidad del mochuelo, un ronroneo áspero llega desde las mismas profundidades del pinar. Un chotacabras europeo lanza su larga estrofa. Si no fuera porque es la hora fría de la madrugada, cuando todos los insectos están callados, se podría confundir con el estridular sordo de algún ortóptero.

La escucha nocturna plantea enigmas. Durante un segundo se escucha sobre las copas de los árboles un reclamo que recuerdo haber oído en sitios muy distintos, en las llanuras cerealistas. Lo que parece una codorniz sobrevuela las montañas y lanza su reclamo de contacto en vuelo nocturno. También al fondo, un corzo ladra y se pierde bosque adentro, valle abajo.

Faltan aún dos horas para que comience a clarear hacia el este, pero algunos en el pinar empiezan ya a presentir la proximidad del alba. Primero se oye un silbido agudo; al rato, unos gruñidos cortos y el mismo silbido, pero ya en la vertical, en el borde de un claro del bosque. Recortada contra las estrellas sobrevuela una becada, que empieza la fase del alba de su vuelo de cortejo entre dos luces.

Pero todo esto no son más que pequeñas interrupciones en el silencio perfecto de la noche. Hasta que, a lo lejos, se escucha el sonido más extraño, algo que recuerda a un taponazo. Empezamos una aproximación lenta, paso a paso y con largas paradas; a medida que nos acercamos, la secuencia sonora más extraña empieza a coger forma. Primero unas largas series de chasquidos agudos, casi metálicos. Más cerca, se percibe que esos mismos chasquidos se aceleran y dan pie al taponazo. Y más cerca aún la secuencia se completa con una especie de cacareo. Solo cuando llegamos a las inmediaciones del cantor, mientras contenemos la respiración para no hacer ningún ruido, apreciamos un sonido ronco, como un suspiro que escapa de una garganta antes de lanzar el taponazo. Un urogallo, el *gall fer,* está en pleno despliegue en su cantadero, un claro abierto en el bosque en un punto donde la pendiente de la ladera es más suave. Negro a estas horas de la madrugada, su silueta se recorta contra el suelo nevado, iluminado por la luz de las estrellas.

A cierta distancia, una secuencia idéntica da la réplica. Los urogallos son aves de lek, machos y hembras acuden a un espacio determinado, un campo de juego, donde celebran sus ceremonias de cortejo. En otros tiempos, en un buen cantadero podían coincidir siete u ocho machos y un número indeterminado de hembras. Pero las cosas le van tan mal al urogallo, impactado de lleno por las modificaciones ambientales inducidas por las nuevas condiciones del clima, que escuchar a dos machos juntos es una rareza. Ni rastro de las gallinas hasta que una de ellas se hace notar al caer desde unas ramas bajas y romper la quietud del momento con un aleteo estrepitoso, como de un gran pavo a la fuga.

Mochuelos boreales y urogallos son aves de la taiga; en las montañas del norte de la península ibérica tienen su límite de distribución. Son aves de bosques fríos, de inviernos duros. No es raro, por tanto, que bajo el calentamiento global su futuro se vea comprometido.

Mochuelo boreal.

LABOR DE ZAPA

Foto síntesis del parque

En cada detalle del terreno se encuentran recuerdos del lejano origen glacial. A muy pequeña escala, una gota de agua repite su historia. Detenida momentáneamente, primero en la nieve y enseguida en unos carámbanos, ya empieza su labor de zapa al volver a licuarse un poco después y gotear contra el suelo. Si la roca por la que escurre fuese caliza, la corriente incipiente intentaría abrirse paso a base de disolverla. Pero el duro granito resiste a sus argucias químicas, por lo que ha de buscar grietas previas, fisuras que faciliten el tránsito. El agua líquida utiliza los mismos cauces que, tiempo atrás, tallaron los hielos de los glaciares, estos sí, capaces de forzar la piedra. Poco a poco, con una lentitud milenaria, cada gota sigue el camino trazado antes por trillones de ellas. Los caudales se suman, murmuran sobre la superficie lisa, salpican al enroscarse en pequeñas calderas. En los escalones de la montaña se despeñan por ruidosas cascadas, pero vuelven a callarse en las superficies quietas de los lagos, cubetas en el fondo de los valles horadadas en épocas glaciales. Terminan, al fin, fluyendo entre praderas y bosques, en cauces lineales o serpenteando en unos meandros tan retorcidos que no se sabe si suben o bajan. Gota a gota, el agua, la gran escultora, vacía los valles y hace que las montañas parezcan más grandes.

bit.ly/4kXo9F1

La sierra manantial

SIERRA DE GUADARRAMA

Las montañas son las fábricas del agua. En sus cumbres se enganchan las nubes, en los valles se detienen las nieblas, los bosques transpiran vapor. En el Guadarrama tienen sus fuentes más altas los ríos Eresma, Lozoya, Cega, Moros, el pequeño Manzanares y el mismo Guadarrama. En sus laderas manan infinidad de regatos, arroyos y fuentes, alimentados por los manantiales blancos de hielo, agua que brilla y no suena. Los arroyos crecen, suman caudales, se detienen momentáneamente en algunas lagunas de origen glacial, encharcan los tremedales, se despeñan por cascadas y van a alimentar otros cauces, ya sea el caz de un acueducto romano o las tuberías que ponen en marcha los juegos de agua de los jardines de La Granja. Y por todas partes, manan algunas fuentes históricas, con significados especiales. La de los Geólogos, dedicada a la ciencia, en la subida al puerto de Navacerrada; la de Cossío, dedicada a la educación, en el de la Morcuera; la Fuenfría, en su puerto. Todas estas aguas regarán después las llanuras resecas de dos mesetas.

El Parque Nacional de la Sierra de Guadarrama ocupa 33.960 hectáreas, repartidas entre la vertiente meridional de la sierra, en Madrid, y la septentrional, segoviana. Es, sobre todo, un parque de cumbres, con un trazado sinuoso, unas veces siguiendo estrictamente la curva de nivel, otras evitando zonas habitadas o infraestructuras de montaña, como las estaciones de esquí de Navacerrada, obsoleta por falta de nieve y en proceso de cierre, y la de Valdesquí. Declarado en 2013, la gestión está dividida en dos administraciones, una por cada comunidad autónoma implicada. La proximidad de la conurbación que rodea Madrid, con el consiguiente flujo de visitantes, es su principal problema. El Parque Nacional de la Sierra de Guadarrama es un experimento para la gestión de un espacio protegido sometido a una fuerte presión humana.

Como el perfil de un animal prehistórico desplomado en el suelo, la sierra de Guadarrama se eleva directamente sobre la llanura. A diferencia de otros macizos montañosos, precedidos por líneas de cumbres más bajas, aquí apenas hay estribaciones ni relieves de importancia. Si acaso desde el lado sur, el madrileño, la sierra de Hoyo de Manzanares, el Cerro de San Pedro y la Cabrera sirven de escalón antes de llegar al recuenco de La Pedriza. Pero por el lado norte, desde los 900 metros de altitud de la llanura segoviana, el Guadarrama es una línea ondulada bien definida, de picos pandos, altas lomas separadas por puertos elevados, con muy poca diferencia de altitud entre unas y otros. La geología, claro, lo explica todo. Las viejas rocas de gneis que forman el armazón tienden a abombarse. Solo los enclaves graníticos —Siete Picos, La Pedriza, algunos bolos esparcidos por las laderas, aquí y allá— presentan un aspecto roto, astillado.

))) UNA VISIÓN DESDE LA CUMBRE

Junto al vértice geodésico del Pico de Peñalara, 2.429 metros de altitud, la visión de conjunto se revela un poco más compleja. El Guadarrama es solo un segmento del sistema central. En un día despejado, desde aquí arriba se contemplan perfectamente los tres cordeles, las tres sierras principales que forman todo el sistema: la Cuerda Carpetana, con Peñalara y su laguna Grande; la de la Mujer Muerta, de ominoso nombre, y la Cuerda Larga, visualmente conectada con el Alto de las Guarramillas, rematado por las estrambóticas antenas de la estación repetidora de televisión de la Bola del Mundo, rojas y blancas, tan similares por forma y color al cohete que llevó a Tintín y sus amigos, perro incluido, a la Luna.

Desde muy arriba, en el límite con las praderas alpinas, los piornales y los codesares, arraigan los magníficos pinares silvestres del Guadarrama. Árboles retorcidos por el azote del viento y el peso de la nieve cuando están aislados, pero que tienden a cerrar sus filas para resistir, a pie firme, los fríos inviernos.

La orientación a poniente de algunos de estos bosques, como las laderas más expuestas de Valsaín y el pinar de la Acebeda, explica que en los atardeceres de otoño e invierno los rayos solares incidan en ellos en ángulo casi horizontal. Por fuera, el bosque oscuro se enciende, se tiñe de rojo; pero desde el interior juega con los claroscuros de una celosía.

Un pino silvestre batido por el viento y el hielo.

))) LA PEDRIZA DEL MANZANARES

Mención especial merece este paraje singular. Cualquier término que haga alusión al desorden y el caos puede ser válido para definirlo: un gigantesco amontonamiento de rocas graníticas, sin armonía aparente, de aristas rectas y lomas curvas, que da la impresión de haberse desmoronado de las laderas meridionales de la Cuerda Larga. Enormes peñascos redondeados, cresterías de borde acastillado, laderas pedregosas, grandes lanchas lisas junto a paredones cuarteados. Un caos pétreo en el que la discontinuidad es la norma. Un desnivel de 1.112 metros y cerca de ocho kilómetros de ladera discontinua. Hace falta mucha imaginación para encontrar aquí un poco de orden. La variedad de formas es tan grande que los geólogos que las describen recurren a un lenguaje pintoresco. Así, para las grandes formaciones, emplean términos tan expresivos como «campaniformes», «de artesa», «bolos», «lanchas», «tejas» y hasta «dorso de ballena». Para las formas menores, «pilas», «hueveras» y «marmitas de gigante», en referencia a las depresiones formadas en las superficies de las rocas, nerviaciones, acanaladuras, piedras caballeras, etc.

En realidad, habría que hablar de «las pedrizas», en plural, ya que se trata de dos cordales rocosos en arcos más o menos concéntricos. La Pedriza Anterior, la más baja, es una sucesión de canchales y peñas redondeadas que culminan en la impresionante mole del Yelmo, a 1.714 metros, una gigantesca peña campaniforme que se recorta contra el cielo y es visible desde casi cualquier punto. También llamada «Peña del Diezmo», es la silueta más característica de toda La Pedriza.

El segundo sector, la Pedriza Posterior o Circo, se extiende en un arco abierto, pegada a la ladera de la sierra, y parece envolver al sector más abajo. Una profunda depresión, con el collado de la Dehesilla en el centro, comunica ambos macizos. La Pedriza Posterior presenta formas más acastilladas. Los riscos del Pájaro, Las Buitreras, el Mogote de los

El Yelmo.

Suicidas, Las Torres (1.986 metros, techo del macizo) y Los Pinganillos —forma local para denominar a los galayares— destacan en la cresta.

En las zonas de montaña siempre abundan los topónimos. Pero en La Pedriza, los términos apuntados en el mapa forman un libro abierto. Prácticamente cada resalte, cada accidente geográfico, por mínimo que parezca, tiene su nombre. Y es que nos encontramos en una de las escuelas de escalada más concurridas del mundo. Muchos nombres hacen referencia a la forma de la roca: el Capuchino, una aguja cuyo perfil recuerda a un fraile, el Normando o el Platillo Volante, por no decir el mismo Yelmo, aunque este es nombre muy antiguo. Otros, como el Rocódromo, sobre el refugio Giner, o los Principiantes, hacen referencia directa a la práctica de la escalada. El Cancho de los Muertos recuerda una trágica historia de secuestros y bandoleros. Sobre Peña Sirio se ve aparecer cada tarde la estrella que le da nombre. No falta un Risco Sin Nombre, o unas Peñas Cagás, seguramente por los buitres leonados. Al mirar al cielo, lo habitual en este mundo mineral es ver sus siluetas recortando las crestas, ceñidos a las aristas, o asentados en pináculos imposibles donde solo los que viven para el vacío pueden posarse a descansar. Pero desde hace unos años, arriba se ven también los rebaños de las cabras montesas que, como los buitres, ignoran el vértigo. Esparcidas por los pandos abombados, o triscando por aristas, transmiten a este mundo pesado, macizo, la sensación de ligereza. A diferencia de los buitres, que llegaron hasta aquí por sus medios, las cabras montesas fueron introducidas en pequeño número hace años. Ahora, dada la falta de enemigos naturales, los rebaños están por todas partes, se esparcen por las laderas aledañas y, a su paso, son una amenaza para la delicada vegetación autóctona.

Cabras montesas asomadas al vacío.

))) VALSAÍN, EL VALLE DEL SILENCIO

«El pinar a finales del invierno es en realidad
la unión de la belleza de la silueta del tronco,
del color tan identificador del ramaje rojizo,
del crepitar que apenas se oye de su corteza,
el paso entre las acículas de los pájaros,
un trino lejano y otro próximo y distinto,
el claro soleado, los brillos de las micas del
granito en el borde de la senda, el sonido
del agua, el centelleo de la cumbre nevada
entre las copas, el gran bloque gris medio cubierto
de musgo, el aroma de las plantas de la
ribera o de la sombra, la permanencia
de un elegante estilo de la naturaleza,
el reencuentro con los recuerdos...».

Eduardo Martínez de Pisón

Todos recordamos los terribles días de la primavera de 2020, los del confinamiento por la epidemia de COVID. En aquellos meses de reclusión, con el estrépito del mundo acallado, el silencio se hizo en las ciudades y pueblos y la gente, asomada a las ventanas, escuchaba las voces de la naturaleza donde antes solo percibía el ruido.

En la naturaleza sucedió lo mismo. Y, naturalmente, también en la sierra de Guadarrama. Yo recibí aquel silencio como una llamada. Aislado, más que confinado, en mi casa junto al pinar de Valsaín, pude salir prácticamente a diario para escuchar cómo era el mundo más allá del ruido. Cada día me escapaba por el jardín, entraba en el bosque y subía ladera arriba, por los robledales y pinares, primero, las gargantas, y las tollas después, hasta alcanzar las zonas altas.

Se suele decir que aquel fue un año maldito. Pero, en realidad, en la sierra llovió bastante en primavera, con varias nevadas copiosas; el verano fue suave, y al final, el otoño acabó cubierto de blanco. ¡El año hizo lo que pudo! Y esto es un resumen de lo que pude oír en aquellas tristes semanas de primavera en las que el ruido calló y la naturaleza se expresó con toda nitidez. Algunos pasajes están escritos en el campo, o muy poco después, al volver a casa.

Mediado marzo, el tiempo está revuelto. Las nubes se agarran a las cumbres y el retumbo del trueno rueda por las laderas de Peñalara. Salgo por la mañana temprano de la Pradera de Navalhorno y asciendo el primer repecho por los pinos de la Pinochera. Bordeo el Cerro del Puerco y avanzo entre los bolos graníticos del Juego de Bolos, con el valle de Valsaín y la cumbre de Peñalara ocultos por las nubes, para salir a la Cueva del Monje. Que no es una cueva, sino una oquedad entre piedras caballeras. Al llegar allí la tormenta ya se ha desfogado y el silencio es completo. No se escucha nada que proceda de la actividad humana, ni el rumor del tráfico, ni el grito de las motosierras cortando los pinos ni el ruido continuo de los aviones que enfilan hacia el cercano aeropuerto de Barajas.

Subo por el arroyo y la cascada de la Chorranca, donde se alcanza la cota de nieve. Días atrás había nevado bastante, pero el manto blanco se ha replegado hasta aquí. Con todo detenido, el único sonido

Arroyo de la Chorranca, en Valsaín.

Bosque de Valsaín.

que se escucha es un crujido, el de las agujas de los pinos al liberarse del estuche gélido que las atenaza. Minúsculas avalanchas de hielo caen al suelo y, en contraluz, nubes de cristales en suspensión centellean entre los troncos.

Pasan varios días. Sigue lloviendo regularmente, pero la primavera ya no se puede callar. Repito el recorrido anterior y subo un poco más arriba, por la zona de pinares llanos, tan silenciosos que apenas se escucha el rumor lejano del arroyo de las Almas del Diablo, de ominoso nombre. Algunos banditos de páridos —herrerillos comunes y capuchinos, un carbonero—, los siseos de algunos mitos y poco más. Pero, de pronto, sale el sol y el bosque se enciende. La atmósfera sonora es «de cristal» y contra el silencio perfecto destaca la conversación rítmica, pausada, entre dos carboneros garrapinos, que lanzan sus estrofas limpias, bien definidas, al aire acústicamente transparente. Otros pájaros también calientan sus gargantas. Y suenan, espaciados, los tamborileos de los picapinos, marcando con su percusión las cuatro esquinas del bosque.

Avanza el mes de abril y un atardecer llego a Majadahambrienta, en la zona conocida como Fuerapinos, a unos 1.800 metros de altitud. El paisaje es el más alpino de toda la sierra, el más parecido al que se puede encontrar en las montañas del norte. Avanzo por unos llanos con arroyos de cauces retorcidos, praderas encharcadas donde meter el pie en el barro hasta la rodilla y pinos dispersos entre pedreras. Los senderos son correderas por las que desaguan las tollas. En un año normal ya debería haber aquí algo de ganado, algunos caballos hundiendo los cascos en el barro. Los aviones siguen sin ensuciar el cielo, pero los vencejos comunes ya patrullan por aquí, con sus chirridos estridentes. Cae la tarde, los rayos casi horizontales del sol iluminan el manto de nieve de Peñalara y envuelven en una luz a contraluz la inmensidad sin fin de la llanura segoviana. Dejo aga-

Allendesierra

Oh, sí, llevad, amigos,
Su cuerpo a la montaña,
A los azules montes del ancho Guadarrama.
Allí hay barrancos hondos
De pinos verdes, donde el viento canta.

Antonio Machado, ***Elogio fúnebre a don Francisco Giner de los Ríos.***

Fue Miguel de Unamuno quien pidió una cruzada literaria a favor de los paisajes naturales. La literatura, argumentaba, fija mejor que ninguna otra cosa la importancia, el valor de los lugares. Tiene que haber escritores que cuenten o canten los paisajes y cautiven a la gente.

El Guadarrama es un ejemplo claro de cómo el uso de la palabra escrita produce la admiración que, al final, acaba trayendo la conservación. Desde que en el siglo XIV el Arcipreste de Hita se enfrentara al mal tiempo, los malos caminos y el mal humor de las temibles serranas, se ha escrito mucho sobre esta sierra. Pero el impulso decisivo lo dio un grupo de ilustrados en torno a Francisco Giner de los Ríos y la Institución Libre de Enseñanza, el movimiento educativo para la renovación moral, intelectual y ética más importante que se haya producido nunca en España. Al tiempo que, con el cambio de los siglos XIX al XX, en el País Vasco y Cataluña proliferaban las asociaciones excursionistas, en Madrid se empezó a vislumbrar el Guadarrama de forma muy distinta. Desde el nuevo punto de vista, el territorio hostil, remoto, se convierte en paisaje, percibido a través de las sensaciones y emociones que despierta. En torno a Giner y el nuevo concepto se reunieron los autodenominados «guadarramistas».

Ya entonces se empieza a solicitar la declaración de parque nacional, aunque el privilegio fuera para otras montañas, Covadonga y Ordesa, con lo que por muchos años se cerró el cupo. No fue hasta el año 2001, cuando Alberto Ruiz-Gallardón, presidente de la Comunidad de Madrid, se subió al cerro de San Pedro y desde allí arriba, con ciertas resonancias épicas, proclamó la necesidad de crear el parque nacional de Guadarrama. Aún habían de pasar doce años, con innumerables actividades a favor de la declaración, entre las que destacan los Aurrulaques, encuentros literarios en las praderas del valle de Cercedilla, y los «Allendesierras», marchas trimestrales que unían rutas con un principio y un fin a cada lado de la cordillera. Estas marchas, a menudo multitudinarias, eran organizadas por mucha gente, pero, sobre todo, por la Real Sociedad Excursionista Peñalara, pionera en casi todo lo que de bueno sucede en esta sierra. Entre tanto, el mundo del arte lo escribió, lo pintó, lo investigó todo. Este espíritu, ilustrado, científico y aventurero, lo simboliza hoy mejor que nadie el profesor Eduardo Martínez de Pisón, geógrafo, escritor y, sobre todo, montañero, que inspiró y dirigió la elaboración del parque y que dejó escrito que estas no son las montañas más altas, ni las más grandes o lejanas; pero sí son, sin duda, las más queridas.

rrado a un árbol un equipo de grabación de sonido automático. Cuando lo recojo, unos días después, encuentro un sonograma vacío, limpio, en el que, de vez en cuando, aparecen pespunteando la zona central del espectro, la de las frecuencias medias, los ululatos muy lejanos de varios cárabos, cada uno de ellos marcando sus territorios de caza valle abajo. En el silencio apenas destaca el sutil rumor de los hilos de agua que escurren por las tollas para alimentar, mucho más abajo, unas praderas encharcadas. De ellas emerge un clamor, la cadencia dulce producida por la suma de muchas voces roncas de los anfibios. Y un acontecimiento que he vivido muchas veces en esta sierra: en el momento de mayor tranquilidad, suenan los ladridos broncos de los corzos que parece que se despeñan a la carrera, ladera abajo.

Un último asomo al paisaje sonoro de la noche trajo una sorpresa. Hacia las dos de la madrugada, en una larga espera sin ningún objetivo en particular. Los mismos cárabos que marcan el paso de las horas, los mismos ladridos lejanos de los corzos. Y un sonido casi perdido que, al principio, me cuesta identificar. Una especie de lamento bajo, lento, que apenas dura unos segundos, seguido por lo que parece un gruñido. Casi nada, apenas una perturbación en la quietud de la noche sin ruido. Pero mi corazón se acelera. Tengo que escuchar la grabación varias veces, volcarla al ordenador para analizar los trazos en el sonograma, borrar por medios técnicos el murmullo del valle, enseñársela días después a algunos expertos. Eliminar posibles confusiones. En la alta noche, a lo lejos, en algún lugar por la ladera de Peñalara, en una época del año en la que no es previsible que lo haga, ha aullado un lobo.

Pasaron las semanas. Por todo el valle los cucos doblaban las notas. En el Prado Redondillo, por encima del cruce de la pista forestal con el arroyo de las Quebradas, las aves estivales avanzaban en el proceso de cría. Relinchaban los pitos reales, tamborileaban los picapinos. El bosque era un concierto, y la ausencia de molestias parecía impulsar a las aves a subir el tono de sus conversaciones. Hasta que, poco a poco, casi sin notarse, el rumor volvió a subir desde la carretera del fondo del valle. El paso de los aviones se hizo más frecuente. Algunos vehículos ascendían renqueando por las pistas forestales y las motosierras rompieron la paz del bosque. La normalidad volvió, la bestia del ruido se despertó y recolonizó las cimas de las montañas, los rincones más ocultos de los valles. Los animales salvajes, los anfibios en las carreteras, los pájaros volantones, iban a descubrir muy pronto que habíamos vuelto. La sierra había dejado de ser el reino del silencio y yo, como expulsado del paraíso del sonido, apagué el magnetofón, guardé los micrófonos y volví a casa.

Laguna Grande de Peñalara.

El burro y las montañas

—¿Qué montañas son esas? —pregunté a un barbero sangrador que, montado en una burra del mismo pelo que la mía, emparejó conmigo a eso del mediodía y me acompañó unas leguas.

—Se llaman de diverso modo, caballero —respondió el barbero—, según los nombres de los lugares inmediatos. Aquellas de allá lejos son las serranías de Plasencia, las que hay frente a Madrid son las montañas de Guadarrama, por un río de este nombre que de ellas nace. La cordillera es muy grande, caballero, y separa los dos reinos, del lado de allá está Castilla la Vieja. Son magníficas estas montañas, y aunque nos mandan muchísimo frío, a mí me agrada contemplarlas, cosa que no es de extrañar, pues he nacido en ellas, aunque ahora, por mis pecados, vivo en un pueblo del llano. No hay en toda España cordillera como esta, caballero; tiene sus secretos, sus misterios. Muchas cosas singulares se cuentan de estas montañas y de lo que ocultan en sus profundos escondrijos, porque ha de saber usted que la cordillera es muy ancha y se puede andar por ella días y días sin llegar a término. Muchos se han perdido en ella y no ha vuelto a saberse nada de su paradero [...].

[...] a mí me enorgullecen esas montañas, caballero; si yo fuera hombre independiente [...] compraría una burra como la de usted, excelente por lo que veo, y mucho mejor que la mía, y me iría a recorrer esas montañas hasta descubrir todos sus misterios y haber visto todas las maravillas que contienen.

George Borrow, *La Biblia en España, 1836.*

Cambiemos el oficio de barbero sangrador por otro más moderno; la burra, sea cual sea su pelaje, por el automóvil, y el pueblo del llano, por alguna de las grandes ciudades cercanas y estaremos frente a una imagen más actual del Guadarrama. Poco acostumbrados a las grandes alturas, los castellanos de la raya entre ambas mesetas siempre hemos mirado la sierra con cierta exageración. Sus montañas no son tan grandes, ni tan misteriosas. Ni siquiera nos envían demasiado frío. Y, sin embargo, ante sus modestas altitudes sentimos algo así como la llamada de lo salvaje.

))) UNA GEOGRAFÍA PERSONAL

No puedo recordar cuándo fue la primera vez que puse el pie en la sierra de Guadarrama. Debía de ser muy niño. Seguramente sería en una excursión familiar al puerto de Navacerrada para pisar por primera vez la nieve. O un domingo en la Boca del Asno, en el valle de Valsaín, mientras con mis hermanos construía pequeñas represas de piedras para interrumpir la corriente del río Eresma. O deslizándome, a primeros de septiembre y sin trineo, por el nevero que por entonces caía a las aguas gélidas de la laguna Grande de Peñalara, en la zona más umbría pegada a la pared oeste. Por esos mismos veranos conocí las primeras experiencias en el bosque, en los pinares de San Rafael. Allí sentí la atracción de subir ladera arriba, las primeras excursiones para «hacer cima», aunque la cima fuera tan modesta como la cabeza roma de Cueva Valiente; conocí el miedo a perderme solo en el bosque, sabiendo, eso sí, que bastaba con bajar por la ladera para llegar a algún sitio. Y conocí el pánico al fuego forestal, la pesadilla de las llamas recortándose en la noche sobre la loma de Cabeza Reina.

Mi vida, pues, siempre ha estado ligada al Guadarrama. Hubo otras muchas «primeras veces». La primera noche al raso, en el Cancho de los Muertos de La Pedriza; las largas marchas montañeras con pernoctaciones en cabañas y refugios; los bocadillos de tortilla con chorizo de la Venta Marcelino, en el puerto de Cotos; la desesperación, aporreando la puerta de esa misma venta, cerrada por descanso, en un atardecer de ventisca; la sed en noches de vivac invernales, cuando en la cantimplora el agua es hielo; las primeras, y muy torpes, travesías con esquís de montaña, las primeras rodadas ladera abajo por los tubos helados de Cabeza de Hierro, con el piolet y los crampones de adorno. Pero también los primeros estudios de campo, acompañando a los que de verdad sabían vigilar los por entonces muy escasos nidos de buitres negros y águilas imperiales de los pinares serranos. Y el miedo, otra vez, ante un incendio en los bordes del bosque de Valsaín, controlado por el esfuerzo titánico de los medios de extinción.

Así que no es de extrañar que, en determinadas circunstancias, me viniera a vivir aquí. A La Granja, primero, a Valsaín después, hace ya más de media vida. En estos años he recorrido la sierra, he escuchado muchas de sus voces, a todas horas, bajo todas las condiciones atmosféricas. Apoyé las campañas para su declaración como parque nacional; me decepcioné con los recortes impuestos a sus límites. Trabé amistad con mucha gente comprometida con su conservación, con algunos de los montañeros que mejor la conocen. Paseé, en fin, a solas por sus bosques durante el silencio perfecto de los días de confinamiento por COVID. En el Guadarrama he encontrado mi paisaje.

Llegando al chozo Aranguez, en Majadahambrienta.

MARIPOSA GRAELLSIA

(((Foto síntesis del parque)))

Un manto verde traslúcido desplegado por unas nerviaciones oscuras y cuatro ocelos simétricos. Al trasluz, o iluminada por un foco nocturno, las mariposas isabelinas, o graellsias, parecen salidas de una vidriera modernista. El ejemplar de la fotografía es un macho: se sabe por la forma de los penachos de las antenas. Está intacto y, aunque se trata de una especie de hábitos nocturnos, acaba de dar su primer vuelo a pleno sol. O, mejor, en el claroscuro del bosque. Se ha dejado caer desde la copa de un pino, flotando en la brisa, y ha ido a posarse en un arbusto, donde acaba de secar y estirar sus alas, recién desplegadas desde la crisálida. Ni una muesca en la tela transparente, ni un rasguño, ninguna rama de las antenas dañada. Bastante escasas en los pinares de la sierra, vuelan a veces hacia las luces de las casas, los faros de los coches, por lo que un encuentro a pleno sol es bastante infrecuente. Pero en ese caso las graellsias llevan en sus alas traslúcidas la luz filtrada de los pinares.

bit.ly/3FzH1tL

Quebrado y áspero

MONFRAGÜE

Sierras escarpadas; crestas rocosas donde anidan los buitres leonados, asomados al vacío como gárgolas; laderas intransitables habitadas por el buitre negro. El monte agreste.

Dehesas amables por las que se escucha la triple nota de la abubilla y en las que pasta el ganado. El bosque abierto.

Voces ásperas de currucas cabecinegras, rabilargas y mirlonas, resecas como la vegetación en la que se esconden.

Voces más líquidas de zorzales y mirlos en las umbrías. Los bosques espesos y las vaguadas.

Ríos embalsados, el agua detenida, espejos en los que se reflejan las siluetas de los riscos; pero también los sonidos, las llamadas nocturnas de los búhos reales.

Como tantos otros, antes de ser declarado parque nacional en 2007, Monfragüe ya era parque natural, una categoría con un grado inferior de protección. Situado en el centro de la provincia de Cáceres, con 18.396 hectáreas de extensión, es, junto con Cabañeros, la aportación a la red de parques nacionales de una muestra del ecosistema más representativo del interior peninsular: el bosque mediterráneo. Monfragüe es también un refugio para algunas de las concentraciones más importantes de aves, como el buitre negro, el águila imperial, el alimoche o la cigüeña negra. Y es, ante todo, un símbolo en la lucha social por la conservación de la naturaleza.

Hay lugares que en el nombre llevan una descripción. El de Monfragüe remite a un monte fragoso, áspero, quebrado, cubierto por matas intransitables. Que arraiga sobre largos alineamientos de cuarcita, la roca que con más facilidad se levanta, se astilla, da lugar a esquinazos, con estratos que se pliegan de mil maneras. Dos ríos, el Tiétar y el Tajo, rompen los alineamientos rocosos y se cuelan por gigantescas escotaduras, como cuchilladas de gigante a las que por estas tierras llaman «portillas». En estas murallas las aves encuentran todos los soportes para descansar o instalar sus nidos. Más de seiscientos entre los buitres leonados.

Entre los alineamientos de rocas, en las laderas, crecen los montes espesos. En las anchas copas de las encinas instalan sus nidos más de trescientas parejas de buitres negros y una docena de águilas imperiales. Y más abajo, en las dehesas de encinas y alcornoques, llegado el otoño bramarán los ciervos en celo.

LEER EL VUELO DE LAS AVES

Los buitres, leonados y negros, son los protagonistas absolutos de los cielos de Monfragüe. Vuelan en tal número que las demás especies planeadoras, águilas imperiales, reales y perdiceras, culebreras y calzadas, milanos reales, alimoches y otras, parecen escasas. En el vuelo de los buitres se pueden leer también la orografía y hasta la vegetación que cubre las sierras. Estas se alinean en dirección este-oeste, con unas laderas que miran al recorrido del sol en el cielo, las solanas, y otras, las umbrías, orientadas a norte, más húmedas y con mayor cobertura vegetal. Para el vuelo de los buitres eso implica diferencias notables en el aprovechamiento de los vientos y, sobre todo, de las corrientes térmicas de aire ascendente en las que las estas aves se apoyan para deslizarse. Esto se puede observar muy bien un día soleado y sin viento en la atalaya del castillo, el punto desde el que se domina todo Monfragüe. La ladera norte, la umbría, está cubierta por un bosque tupido de encinas, alcornoques y quejigos, madroños y lentiscos, con un sotobosque oscuro caracterizado por los líquenes que cuelgan de las ramas. El aire frío y húmedo asciende lentamente por las cuestas, y los buitres, que no tienen dónde apoyarse, aletean mientras avanzan pesadamente. Al mismo tiempo, en la vertiente sur, la solana, donde la vegetación es más abierta y aflora la roca madre, el aire se calienta e impulsa a los buitres, que se deslizan sin esfuerzo. En cierto modo, el vuelo de los buitres calca la orografía del terreno.

Un buitre leonado despliega sus dos metros y medio de envergadura.

RISCOS Y PORTILLAS

No es fácil moverse por el monte en Monfragüe, más allá de algunos senderos señalizados. Para la mayoría, la visita al parque se limita a observar el vuelo de los buitres desde la atalaya del castillo o a observar desde determinados miradores las portillas por las que se cuelan los ríos. Y la experiencia nunca decepciona. Las que se describen a continuación son las tres principales.

Primavera en el Salto del Gitano. Entre los contrafuertes del risco que soporta el castillo y la mole vertical de Peña Falcón se abre el Salto del Gitano, la más grande de las portillas del parque. El nombre no deriva, como se afirma con frecuencia, de un salto prodigioso de una orilla a otra del río. Se trata, más bien, de un recuerdo del pasado, de cuando el Tajo corría libre por esta angostura y la corriente se despeñaba por una serie de cascadas y rápidos. Una de ellas, de aguas blancas y mayor altura, se denominaba «Salto del Gitano». La cascada ahora está sumergida bajo las aguas embalsadas.

Asomadas al vacío, las aves se distribuyen por alturas, según sus preferencias. Como auténticas comunidades verticales de vecinos. Y aunque la distribución varíe de un lugar a otro, el que sigue puede ser un esquema típico, tomando como modelo a Peña Falcón vista desde el mirador de la carretera.

Si en el vuelo de los buitres se puede leer la forma del terreno, en los nombres de las aves se puede entender su paisaje. Abajo, en la base, cerca del río, crían los aviones zapadores. El nombre les va bien: sus colonias son fáciles de detectar por las galerías que excavan en los taludes arenosos donde instalan los nidos. Su parloteo se confunde con el de los aviones comunes, que cuelgan los nidos de barro de techos, repisas e incluso puentes y aleros de edificios. Ambas especies, zapadores y comunes, vuelan en auténticas nubes envueltas en un chisporroteo vocal en que es difícil reconocer a unos y otros. Los que sí destacan, con nitidez, son los estridentes gritos de los vencejos reales en vuelo rasante.

Peña Falcón, en el Salto del Gitano.

Herrerillo común y petirrojo.

En un nivel superior, en un nido de palitroques al abrigo de una oquedad, silban las cigüeñas negras. Junto a ellas cantan otros habitantes del roquedo: chilla un gorrión chillón y zurea una paloma bravía. A pocos metros, en el «piso de arriba» y emplumados con los tonos grises, pardos y rojizos de la roca, varios buitres leonados se lanzan al vacío. Más de cien parejas crían en este risco, por lo que es raro no ver, a cualquier hora del día, formaciones cerradas sobrevolándolo. En estas alturas el viento es una constante, lo que obliga a los buitres a ceñirse contra la roca, dejando a su paso un zumbido, el rastro sonoro de sus inmensas alas. Por estas alturas merodean también los aviones roqueros y los roqueros solitarios, pájaros que en el nombre llevan su paisaje y sus costumbres.

Otoño en la portilla del Tiétar, la puerta de Monfragüe por el lado oriental. El agua quieta es como un espejo para el sonido, y la roca vertical cierra el espacio, por lo que a la hora tranquila del crepúsculo las voces de los animales llegan con gran nitidez. El escenario, como un gran auditorio natural, colorea y amplifica las voces de sus habitantes.

Ha pasado un mes desde el final de la berrea. A mediados de noviembre sigue lloviendo. Cae la tarde. Desde el observatorio instalado junto a la carretera es fácil escuchar los graznidos y aleteos de algunos de los cientos de buitres leonados que se disponen a pasar la noche; la roca está llena de repisas y oquedades, pero eso no parece convencer a algunos, que se empeñan en romper la paz del momento disputándose un puesto determinado.

Más cerca, entre la espesura, martillean los mirlos y crepitan los petirrojos. Y en lontananza, en las orillas fangosas del río, cientos de grullas montan una algarabía al entrar al dormidero.

Deja de llover, y los murciélagos rabudos salen de vuelo de caza. Emiten unos pulsos agudos que pespuntean la atmósfera sonora y que percibimos como alfilerazos en el oído. Estos tonos son solo la parte audible de sus llamadas ultrasónicas. El resto de su voz, las señales de ecolocación, están más allá de nuestra capacidad de escucha. Para nosotros, acústicamente hablando, el universo de los murciélagos transcurre en un perpetuo crepúsculo.

Un recuerdo del pasado

La imagen clásica de Monfragüe muestra la lámina plateada de un lago que serpentea encajado entre altos roquedos, con un castillo encaramado en lo más alto de un risco. Solo faltan las nieblas para evocar el tópico paisaje escocés. Pero el lago no es tal, sino un río estancado en la presa de Alcántara, con las orillas descarnadas cuando el nivel del agua desciende más de lo deseable, ya sea por sequía o por desembalses para la producción de energía eléctrica. A menudo trato de imaginar cómo sería este lugar cuando el Tajo y el Tiétar corrían libres. Escucho entonces el rumor de la corriente, y no el silencio del agua detenida; el estrépito de las cascadas a su paso por las portillas; el batir de las ruedas de los molinos fluviales. En lugar del color pardo de las encinas reflejado en el agua, veo el verde brillante, el amarillo y el gris de los fresnos, álamos y alisos de los bosques de ribera. Y en las vegas mullidas imagino el silbido de las oropéndolas bajo la mirada de los buitres. ¡Qué gran parque nacional habría sido Monfragüe con sus aguas liberadas!

Con la caída de la tarde, hacia la noche, el paisaje sonoro de Monfragüe se llena de ecos. Ladra un zorro, y la pared de piedra devuelve su voz. En esta escenografía fantasmagórica solo falta la voz del búho real —¡buh!—. Y también su eco. En fechas tan poco propicias, tan lejos de la buena estación, los búhos entran en celo, y la atmósfera de la noche propaga sus llamadas a kilómetros de distancia.

Invierno en el Boquerón de Valero. La tercera gran portilla de estas sierras cae fuera del alcance de las visitas regulares, en una finca privada dentro de los límites del espacio natural. Yo he tenido la suerte de visitarla en dos ocasiones, desde posiciones diferentes. La primera, en un recorrido invernal por el río en un bote de motor, mucho antes de la declaración de Monfragüe como espacio protegido. Desde el agua, el paredón rocoso cae a plomo a la orilla; los animales, confiados, acuden a abrevar, sin temer que algo malo pueda venir por donde no se lo espera. En las mañanas invernales una espesa niebla se extiende por el cauce del río. A medida que avanza el día y el sol templa la atmósfera, las crestas de los riscos emergen por encima de la bruma; pero desde abajo la forma piramidal de la roca dificulta observar a los que, a primera hora de la mañana, aún están posados, a la espera de que el aire temple y las corrientes térmicas ascendentes faciliten el vuelo.

La segunda visita es por tierra, escalando la parte trasera del risco y fuera de la vista de las aves rupícolas. Igualmente, hay que esperar a que el aire esté tibio y las nieblas se despeguen del río y de las crestas. La actividad se va desarrollando secuencialmente, de arriba hacia abajo. Los buitres leonados que han dormido más altos reciben antes los rayos de sol y se desperezan. Y lo hacen igual que al anochecer, entre cacareos y sacudidas. Todavía con frío, las grandes aves saltan al vacío, vuelan semiocultas en las sombras, y, de repente, al ganar un rayo de sol, el dorso se ilumina, el color leonado brillando sobre un fondo oscuro.

Desde arriba, de lo alto del risco, llega un cacareo largo, agudo y arrastrado. Procede de un halcón peregrino, recortado contra el cielo desde su posadero, el punto más elevado. Y más arriba aún, contra el cielo ya azul y dominando la escena, tienen lugar grandes disputas. Se escuchan unos ladridos ásperos, emitidos por cuatro águilas imperiales, dos parejas vecinas que empiezan la crianza. La rimbombancia del nombre de estas aves parecería sugerir una voz algo más altiva. Pero esto es lo que hay, y con tales ladridos, sincronizados con espectaculares vuelos acrobáticos, las águilas intentan delimitar los bordes difusos de unos territorios trazados en el aire.

festín. Si por la noche ya daban muestras de su mal carácter por una simple repisa, la furia se desata cuando de cosas más importantes se trata. Todo el horizonte, el visual y el sonoro, está ocupado por una masa de aves furiosas que gruñen, mugen, gimen, cacarean y picotean. Se podría pensar que, en versión libre, los buitres reproducen las voces que en vida emitieron quienes al final les sirven de alimento. Los negros, además, lanzan unos histéricos chillidos. Sobra la comida, pero las principales peleas se entablan por simples piltrafas.

Entre tanto barullo cuesta identificarlas, pero los ornitólogos han secuenciado la bronca y en ella, entre gritos y chasquidos, se distinguen hasta seis vocalizaciones distintas, asociadas a un comportamiento determinado. Los más hambrientos lanzan unos gritos de dominancia y amenazas, con las alas desplegadas. Otros emiten mugidos arrastrados

))) LA PARTIDA DE LA MUERTE

Como los bandoleros de otros tiempos, los buitres y las grandes águilas viven refugiados en las sierras, pero cada día han de salir al llano a ganarse la vida. Y las sierras de Monfragüe están rodeadas por un manto infinito de dehesas de encinas y alcornoques, ideales para que las águilas persigan a los escasos conejos y los buitres localicen los cadáveres del ganado. Pero también los de los animales abatidos y olvidados en partidas de caza. En las dehesas los buitres celebran sus banquetes funerarios.

En un claro entre encinas yace el cadáver de una cierva, muerta durante una montería en una finca cercana. Urracas y cuervos son los primeros en llegar, minutos antes de que lo haga una pareja de buitres negros, que empiezan la paciente tarea de abrir huecos a picotazos en el duro cuero.

En unos minutos, más de cien grandes buitres, procedentes de todos los rincones de Monfragüe, se abalanzan contra la carroña. Y da comienzo el

Buitres leonados en una carroñada.

de tensión desde los alrededores de la carroña. A duras penas se escuchan señales apaciguadoras, como suspiros, de las aves inactivas en el perímetro del festín; cacareos lanzados, como quien dice, a la cara —¡ke-ke-ke-ke-keeeee!— por un quítame allá esos restos. Completan el catálogo de voces unos estornudos, como de resfriado, que preceden a la amenaza y unos chillidos de sumisión, que indican la resignación de algunos, los menos motivados, a perderse parte de la comida. Y todo envuelto en un griterío generalizado en el que es difícil reconocer cualquier indicio de orden.

Por debajo de todo estremece el golpeteo sordo de los picos que rompen y desgarran los tejidos. A medida que el cadáver de la cierva se va vaciando, los picotazos contra el cuero son sustituidos por un macabro claqueteo al entrechocar los huesos descarnados. Un lío, ya lo sé, pero en el que he intentado poner un poco de orden para que se escuche mejor en las grabaciones que ilustran sonoramente estos textos.

Con tanto comensal, el banquete no puede durar. Dos horas después la mayoría de las aves sestean por los alrededores, con las cabezas desplumadas empapadas en sangre y las alas extendidas para que los rayos del sol ejerzan su labor desinfectante. Solo algunos ejemplares continúan sacando de donde no hay. De repente un buitre emprende pesadamente el vuelo y el centenar de aves, dos centenares de alas satisfechas, sacude la atmósfera de la mañana.

))) JESÚS GARZÓN, EL NATURALISTA QUE HIZO SU CAMINO AL ANDAR

Cuando conocí a Jesús Garzón, el naturalista a quien la conservación de la naturaleza le debe mucho más de lo que cabe en estas páginas, estas sierras en la confluencia del Tiétar con el Tajo no tenían ni nombre. Corría el año 1977 y, como es natural, cada una de ellas era conocida localmente por sus topónimos. En lo alto de un risco, además, se erguían las ruinas de una vieja atalaya de los tiempos de la conquista musulmana, el castillo de Monfragüe, con su ermita y su virgen del mismo nombre. Pero en ambientes naturalistas se aludía a la zona con el difuso nombre de «valle del Tajo». Por aquel entonces un ejército de bulldozers se dedicaba a aterrazar sus laderas para plantar eucaliptos. Llamaban «repoblar» a lo que no era más que sustitución de una vegetación autóctona por cultivos de madera. La maquinaria había llegado a la orilla izquierda del Tiétar y se disponía a entrar en la sierra de Corchuelas, la principal reserva ibérica de buitres negros y águilas imperiales, por entonces en estado crítico de conservación.

Jesús Garzón venía de recorrer, casi siempre a pie, los bosques y valles de la cordillera cantábrica, trabajando durante años en algunos de los estudios pioneros de la ciencia zoológica, que empezaba a recuperarse tras décadas de gris declive. Y cuando llegó a este lugar, también a pie, actuó de la manera que lo convertiría en un ser legendario. Detectó el problema, se implicó en la solución y después, solo después, reclamó la ayuda de sus muchos amigos. Que respondieron con entusiasmo.

El día que lo conocí, Jesús venía de comprometerse a pagar la cifra, entonces muy alta, de dos millones de pesetas, doce mil euros, por el arrendamiento de una de las fincas que iban a ser arrasadas para dar así tiempo a organizar la defensa frente a las máquinas. No tenía dinero, por lo que corría el riesgo de ir a parar a la cárcel. Aunque, como el gran narrador de historias que era, posiblemente esto no fuera más que un ejemplo del «toque Garzón», tan eficaz para galvanizar a la gente. Y, como ha sucedido tantas veces en la lucha por la conservación de la naturaleza, el ejemplo de uno tiró de otros muchos, el dinero llegó, procedente en casi su totalidad de benefactores europeos. Aquellas sierras que, por no tener, no tenían ni nombre se convirtieron en símbolo mundial de la lucha por la preservación de los ecosistemas. Y pasaron a ser conocidas como Monfragüe.

El lince ibérico y los parques nacionales

La historia reciente del lince ibérico es la de un éxito sin paliativos. Hace veinte años, con solo noventa y cuatro ejemplares en libertad, la especie estuvo a punto de pasar al olvido. Pero en el último momento se reaccionó, se actuó y, gracias a un trabajo muy bien realizado que combina la cría en cautividad con el seguimiento y la vigilancia en la naturaleza, el lince ibérico puede mirar al futuro con optimismo. Más de dos mil gatos merodean ahora por los montes. Y la cifra sube de año en año.

Los parques nacionales se crean con el objetivo de ofrecer territorios idóneos para la vida salvaje. En la red nacional hay al menos tres con las características adecuadas para los linces. Pero, paradójicamente, en ninguno de ellos prospera la especie. Hace ya bastantes años que las poblaciones de los cotos del núcleo central de Doñana apenas se reproducen, lo que sorprende dado el aumento exponencial en los territorios aledaños que configuran los espacios protegidos del entorno del parque. En Cabañeros se han hecho algunas sueltas experimentales, con resultados inciertos. Territorios dedicados a la conservación de la naturaleza pierden a sus felinos o tienen problemas para recuperarlos. Las causas serán muchas —el lince es una especie delicada y con requerimientos ecológicos específicos—, pero, por simplificar, todo apunta a la baja densidad de conejos, presa principal de este gran cazador.

Pero en Monfragüe, al menos, sí hay un lince. Por las fechas en que escribo esto, invierno de 2025, un macho llamado Pintxo merodea por la zona nororiental del parque. Aunque su presencia aquí no está libre de polémica. Como tantos otros cachorros, Pintxo nació en un centro de cría, destinado a ser puesto en libertad. Pero vino con una malformación genética, una criptorquidia, lo que significa que uno de sus testículos está retraído. Por ello nunca se le ha permitido reproducirse, para evitar inyectar su malformación en las líneas genéticas de la especie. Pronto se planteó el dilema de si mantenerlo toda su vida confinado en un cercado o liberarlo, esterilizado, en una zona donde no interfiriera con la dinámica de las pujantes poblaciones de linces silvestres. Su destino, tras valorar los pros y los contras, fue la libertad en Monfragüe. Libre, pero lejos de los suyos. Y Pintxo lo agradeció. En poco tiempo se adaptó a la nueva vida, aprendió a diversificar su dieta y de vez en cuando se deja ver por las zonas despejadas.

Dejo a lectores y lectoras la opción de pasar un rato entretenido intentando averiguar la etimología de la palabra «criptorquidia».

Todavía hoy, en la frontera norte del parque nacional, el viajero atraviesa las laderas arrasadas, la tierra pedregosa desnuda, los escalones de los bancales aún sin borrar por la erosión, la absurda inutilidad de aquellos trabajos forestales.

Con el tiempo me hice amigo suyo y empecé a llamarlo Suso. Algunas de las experiencias contenidas en este relato las viví a su lado, los dos callados escuchando lo que la naturaleza tuviera que decirnos. Y cuando las cosas por aquí estuvieron más o menos encauzadas —aunque en estos asuntos nunca lo están del todo—, Suso detectó una nueva causa, identificó la solución y, de nuevo, echó a andar. Y arrastró tras de sí no solo a sus amigos, sino a rebaños de miles de ovejas merinas trashumantes. Para Garzón, la red de cañadas reales, las vías verdes que comunican los pastos estivales con los invernales —el viaje de puertos a extremos—, habían vertebrado la naturaleza en buena parte de España. Desde tiempo inmemorial, por las rutas de la trashumancia los rebaños de ovejas habían transitado con las semillas enganchadas en sus pezuñas, enredadas en la lana; y detrás de los rebaños iban siempre los lobos, los buitres, los pastores y los relatos. Y a reabrir esas rutas por las que circula la savia verde de la naturaleza ibérica dedicó el último tramo de su vida.

Jesús Garzón, el naturalista que hizo su camino al andar, murió en diciembre de 2023. Hoy, su memoria ya pertenece a la historia de la conservación de la naturaleza en España.

Carlos de Hita (izquierda) con Jesús Garzón (derecha) y dos amigos desde el risco del castillo de Monfragüe, 1977.

UN PLIEGUE EN LA CUARCITA

(((**Foto síntesis del parque**)))

En este pliegue en la orilla del embalse del Tiétar, a unos cientos de metros de la portilla, se resume la historia geológica y natural de Monfragüe. La extraordinaria plasticidad de los estratos cuarcíticos explica el origen de estas sierras. La roca está a punto de saltar, astillada en pináculos y bloques angulosos. Pero las capas paralelas, rotas o plegadas, ofrecen a las aves un número inacabable de posaderos y plataformas para instalar los nidos. En este, y en otros pliegues similares, buitres leonados y alimoches alternan cada año en el uso de las repisas más favorables, según quien llegue antes. La roca tiene el color de los buitres, o los buitres el de la roca. El suelo alrededor, lavado, muy pobre, apenas es capaz de dar soporte a algunos madroños y lentiscos. Los cormoranes grandes pescan en el río, a sus pies. En este momento, además, el nivel del agua está alto y la orilla no es esa fea franja reseca que tan a menudo destroza la imagen del parque.

bit.ly/3XZNqEL

El buitre negro y la berrea

CABAÑEROS

Una inmensa planicie con arbolado disperso, rodeada de montes cubiertos por una vegetación espesa, impracticable. Primeras lluvias del otoño, primer pasto fresco después del verano. No hay mejor escenario para la berrea de los ciervos.

A media tarde, los machos en celo todavía se refugian en la espesura, en las laderas de monte que flanquean la gran raña central, la llanura reseca por la que a estas horas solo pastan los grupos de hembras. Los bramidos resuenan a lo lejos, estirados, desflecados por la distancia.

Aun así, todos los demás sonidos del monte —los silbidos de las cogujadas, el rechinar de los trigueros— pasan desapercibidos, no son más que un simple acompañamiento. Tan solo la áspera estridencia de los saltamontes, la dulce y tenaz melopea de los últimos grillos del otoño, en el otro

En el corazón de los Montes de Toledo, en la provincia de Ciudad Real, las 40.829 hectáreas de Cabañeros fueron declaradas parque nacional en el año 1995. Hubo que vencer la oposición de todo tipo de fuerzas, incluidas las armadas, que intentaban construir aquí un campo de tiro para la aviación militar. El terreno es idóneo: una larga llanura despejada, despoblación casi total y toda la propiedad concentrada en unas pocas manos, fácil de expropiar. Pero pronto se gestó una intensa reacción popular, los terrenos fueron ocupados por manifestantes y, tras una larga lucha, con gran repercusión en los medios de comunicación, la Junta de Comunidades de Castilla-La Mancha declaró un parque natural que, años después, sería ascendido a la máxima categoría.

A grandes trazos, Cabañeros consta de tres unidades de paisaje. Sierras de baja altura de las que destacan roquedos de cuarcita, astillados como castillos, y de las que escurre muy poca agua, aparte de la que pueda regar los sotos que flanquean el río Estena. Unos bosques tupidos de robles melojos y hasta algunos abedules y unas laderas de monte espesas, impracticables. Y al pie de la sierra, una inmensa llanura herbácea con arbolado adehesado. Una raña, que es como se denomina a estas llanuras aluviales, pedregosas, sin cauces de drenaje bien definidos. Con suelos resecos la mayor parte del año, en los que los animales chapotean cuando se encharcan con las lluvias. El drama de la vida en Cabañeros transcurre entre ambos mundos. Muchos animales, sobre todo las grandes rapaces, viven en la sierra, pero han de salir a la raña a cazar. Y la zona de contacto entre la sierra espesa y la llanura despejada es el margen donde cada otoño se representa el gran espectáculo de la berrea de los ciervos.

Biomasa aérea

Sin quitar importancia al revuelo político y mediático, la verdadera razón del abandono del proyecto de campo de maniobras quizá fuera otra. Informes militares no muy conocidos describían la raña de Cabañeros, la inmensa planicie, como el campo de otros sobrevuelos, los de los cientos de buitres leonados y negros, decenas de águilas reales, imperiales y otras rapaces de tamaño medio, los miles de grullas que en invierno pasan por aquí, a baja altura. Una biomasa aérea en el mismo espacio por el que deberían pasar los cazas en vuelo rasante que, irremediablemente, acabarían colisionando. En ocasiones la naturaleza también sabe defenderse por sí sola.

))) NOCTURNO DE BERREA

Allí, solo, en medio de la llanura, es difícil conciliar el sueño oyendo los bramidos de los ciervos. Se aproxima el otoño en la raña central. Tormentas, aguaceros, algo de frescor en el campo, agua en charcas y roderas, un poco de pasto fresco: el celo de los ciervos no puede esperar.

He estirado el saco de dormir junto a los restos de un tapial de adobe. Alrededor hay varios micrófonos que apuntan en todas direcciones con la intención de hacer una larga grabación de sonido envolvente. Una inmersión sonora en una noche de berrea. El registro comienza con las últimas luces del atardecer y continuará hasta el amanecer. Doce horas largas alrededor del equinoccio de otoño. Supongo que agradecerán un resumen.

Al principio, mientras los grupos de hembras corren en fila india, todas tras la matriarca, o pastan tranquilamente, los bramidos llegan desde las laderas. Casi se podría decir que trazan una geografía sonora, una docena de voces bien localizadas desde las vaguadas y las matas más espesas. Se escucha el avance de los animales, las pezuñas y las cuernas rompiendo monte, hasta que, con la última luz, los venados empiezan a asomar a los claros. Las cuernas primero, por encima de las ramas altas; las cabezas después. A medida que baja la clari-

Cubos de bellotas

Los arrendajos, por cierto, me dieron una nueva sorpresa. O me la dieron, mejor dicho, unas científicas del CSIC, que realizaban un estudio para establecer el alcance de la extraordinaria capacidad de estos córvidos para la propagación de las bellotas y la expansión del bosque.

En las encinas que rodean la casa de Anchurones, entre la raña y el monte, cuelgan cubos de plástico llenos de bellotas. El sueño de un arrendajo, o de cualquiera que se alimente de la montanera de la encina. En cada bellota las investigadoras del proyecto han hundido un microchip que emite una débil señal que permite su localización. Los arrendajos acuden en tropel, se llenan el buche con ocho o nueve bellotas —aún tienen sitio para otras dos en el pico— y se alejan para esconderlas en almacenes ocultos que solo ellos conocen, reservas de comida para el invierno. Por el camino algunas bellotas caerán. Algún depósito será olvidado o, quizá, el propietario muera. Llegará la primavera y de las reservas para los malos tiempos olvidadas brotarán los renuevos del monte. Los arrendajos, su mala memoria, son un elemento fundamental en la renovación del bosque.

El interés del estudio es medir la distancia a la que estas aves pueden propagar las semillas de los árboles que les dan de comer. En una labor paciente, con detectores especiales, se localizan las bellotas —los chips, mejor dicho— enterradas, ocultas en troncos huecos o bajo la hojarasca del suelo, para determinar así el radio de acción de estos jardineros del bosque. La imaginación y la creatividad como motor de toda ciencia.

dad, sube el volumen sonoro. La berrea lleva ya varias semanas y el esfuerzo se nota en las voces de algunos de los contendientes. Voces rotundas, poderosas, en las que podemos identificar animales fuertes, con grandes cuernas, junto con otras más roncas, afónicas, gastadas, donde podemos imaginar a machos enflaquecidos, con los huesos pegados al pellejo después de tanta bronca.

A primera hora de la noche los ciervos llegan al clímax. La luna cae ya hacia la sierra, al oeste, y en la claridad que ilumina el pasto reseco se siluetean las formas negras de las encinas, envueltas en sombras. No se ve nada, pero no hace falta la visión para sentir una vibración, el pisoteo en la tierra endurecida de un gran macho que se acerca, amplificadas las pisadas por la hojarasca reseca de las encinas y los capuchones de las bellotas caídas. Suena entonces un berrido torácico, que llega desde lo más profundo del corpachón de un venado, desde el rincón más agreste del monte.

Pasan las horas, el vocerío baja de tensión y en el relativo silencio se abren huecos para la propagación de las otras voces de la sierra. Ululan los cárabos pasajeros; rebudia, como si lo estuvieran matando, un jabalí; lejos, ladra un zorro. Y por todas partes rascan las tímidas estridencias destempladas de los últimos grillos del otoño.

Un buen rato antes de que el cielo empiece a clarear al este, el monte se reactiva. Vuelven los bramidos más fuertes, los testarazos más contundentes. Pero ahora el espacio sonoro lo comparten con las tenaces totovías, que, como los venados, empiezan a cantar en la alta noche. Silban las cogujadas montesinas, rechinan los trigueros. Poco a poco los animales, agotados, se retiran a la espesura y sus voces distantes, roncas, se confunden con los graznidos, lejanos y roncos, de las cornejas, con el rasponazo de los bandos de arrendajos.

))) LA VOLUNTAD DE LOS VENADOS, LA DECISIÓN DE LAS CIERVAS

Hay pocos espectáculos más testosterónicos que la berrea de los ciervos. Durante un largo mes los machos en celo, sucios, borrachos de hormonas y empapados en fluidos, braman día y noche sin cesar para proclamar a voces su estado. Por lo general, la mayoría de las descripciones utilizan un lenguaje supuestamente acorde: testas coronadas, machos dominantes, control de los harenes de hembras, que aguardan sumisas el momento… Pero una observación detallada de los comportamientos permite una narración con un lenguaje diferente, más acorde con los tiempos.

La berrea es una ceremonia altamente ritualizada, una «pelea entre caballeros» bajo unos códigos estrictos, en la que cada participante sabe controlarse y aceptar cuándo ha llegado el momento de la retirada. Con cada berrido los venados propagan información importante. Al parecer, las voces largas, arrastradas y con modulaciones dan idea de la fortaleza y la determinación del individuo. «¡Soy el más fuerte!», parece que les dice a quienes sepan escucharlo. En cambio, las series más cortas, como gruñidos o toses, a menudo emitidas a la carrera, contienen información sobre el tamaño. «¡Soy el más grande!», podríamos traducir. Unas toses broncas, enfadadas, anuncian alerta. Tanta información vocal aclara bastante los límites del enfrentamiento. Solo cuando esto no es suficiente, los machos se lían a testarazos. Pero incluso entonces, la selección natural ha diseñado unas cuernas ramificadas, elásticas y resistentes a los empujones, unos frenos eficaces para evitar daños mayores. Mucho ruido y pocas nueces.

Al mismo tiempo, durante las semanas que dura el celo, las hembras, reunidas en rebaños junto con las crías del año y otras hijas mayores, comen y rumian con indiferencia. De los grupos solo escapan unos gemidos agudos, poco audibles. Mientras, los machos corren alrededor, como un perro de pastor lo hace en torno a las ovejas, con la intención de

Tiempo de berrea, tiempo de peleas.

La berrea del ciervo.

mantener alejados a los demás. Tienen que estar ahí todo el tiempo, ya que el periodo de formación del óvulo es muy largo, de casi tres semanas, pero la ovulación dura solo unas horas y es en ese momento, solo entonces, cuando cada cierva está dispuesta a aparearse. El macho que ocupe la primera línea será el elegido. Después, eso sí, de un largo y pesado acoso del que no está excluida cierta violencia. Pero la jerarquía no es inmutable. Depende de las fuerzas, la tenacidad y la capacidad de resistencia, las tres características principales por las que se desarrolla todo este teatro. Y los venados van cambiando, desplazados los que una vez fueron los más fuertes por otros que llegan de refresco. Y así en agotadoras jornadas en las que no es raro que un espabilado, fresco pero incapaz de medirse con los grandes, se cuele por detrás y aproveche su oportunidad. La berrea también selecciona la astucia.

Para los científicos evolutivos la berrea de los ciervos es un ejemplo claro de la teoría de juegos de los sistemas dinámicos, la rama de las matemáticas que estudia el comportamiento de los individuos implicados en una situación conflictiva. La decisión de cada uno de los participantes influirá en la decisión que tomen los otros. Pero la selección natural tomó la decisión de que la última palabra la tuvieran las ciervas.

Pollo de buitre negro en el nido.

))) EL NIDO DEL BUITRE

Cabañeros, los Montes de Toledo, son un área principal de distribución para muchas de las grandes rapaces del monte mediterráneo. Por las sierras vuelan águilas imperiales y calzadas, culebreras, abejeros, ratoneros y milanos negros. En las dehesas crían los elanios azules, y sobre las hierbas rastrean, palmo a palmo, los aguiluchos cenizos. En las crestas de rocas anidan algunas águilas reales y perdiceras, los alimoches y decenas de buitres leonados. Pero los protagonistas de los cielos son los grandes buitres negros. A vuelo de buitre, las sierras extremeñas, las Villuercas y Monfragüe, pero también las serranías andaluzas, están a un salto. Pero es aquí donde se alcanzan las mayores densidades. A diferencia de sus leonados congéneres, los negros no son tan sociables. Vuelan y crían a la vista, pero guardan las distancias. Los nidos se encuentran dispersos por toda la sierra, a unos cientos de metros unos de otros. En contacto visual, pero aislados. En la raña ambas especies prospectan juntas, se pelean, ala contra ala, en el alboroto de las carroñas. Pero en el monte crían por separado. Y no es difícil encontrar sus nidos, tan grandes que deforman la silueta de las copas de los alcornoques.

Recuerdo haber pasado un rato agradable tumbado en un nido vacío de buitre negro. Fue en el Monte del Pardo, en Madrid, en invierno. Por encima se deslizaban las siluetas de las grandes carroñeras, quizá picadas por esa curiosidad morbosa que las lleva a encontrar comida. Faltaban semanas para que comenzara la temporada de cría y, por tanto, mi presencia no causaba ninguna molestia. El nido era una plataforma más o menos circular de dos metros de diámetro, trenzada con ramas gruesas y forrado el interior con lana vieja, cueros resecos, hierbas y otros restos que era mejor no intentar identificar. Estirado a lo largo, aún sobraba bastante espacio por la cabeza y los pies. Un lecho bastante confortable. Para estas aves el gran tamaño y el esfuerzo de construcción están justificados. En los próximos meses el nido será su centro de operaciones. Llegado el momento, el amasijo de ramas se convertirá en la pista de despegues y aterrizajes de unas aves con más de dos metros y medio de envergadura; en el reservado donde tendrán lugar los aspavientos de alas, los saltos y peleas ritualizadas que envuelven el cortejo de los buitres; en un jardín de infancia en el que a lo largo de cuatro meses crecerá un pollo solitario, que deberá aguantar la insoportable insolación del verano; en un campo de ejercicios lo suficientemente amplio como para ejecutar los movimientos de musculación de las alas y practicar los rudimentos del vuelo.

Tiempo después tuve ocasión de observar todo esto desde la primera fila, escondido en un observatorio de lona a pocos metros de otro nido, en un gran alcornoque encaramado en una pedrera sobre la raña de Santiago. Aquí, en Cabañeros.

Raña de Santiago.

Finales de julio. El pollo grande, ya crecido y al que poco puede molestar mi presencia, pasa las horas de máximo calor jadeando, con el pico abierto para ventilar. Las aves no sudan, y esa es la única manera que tienen de regular la temperatura corporal. El plumaje negro oscuro no ayuda. Mira hacia arriba, con la cabeza de lado, y emite un gruñido lastimero. Pero no viene nadie. Mientras, el pollo, y yo mismo, nos dedicamos a escuchar lo que el monte tenga que contarnos.

El calor es implacable. La atmósfera reverbera y el paisaje parece que se está diluyendo. Por las laderas se escucha la sierra de las cigarras, el rasgueo sincopado de estos insectos que se crecen en las horas de calor. Y a ras de suelo, entre las flores de jaras y brezos, el zumbido continuo de abejas y abejorros, el muro de sonido que mejor define al monte mediterráneo; aunque, por desgracia, ese zumbido es cada año menos intenso como consecuencia del desplome de los insectos polinizadores. Arriba, en el cielo encendido, cantan su canción descendente las totovías —«¡tovía, tovía, tovía!», parece que dicen—, las alondras de bosque. En las ramas del alcornoque revolotea un grupito de gorriones morunos, que aprovechan las oquedades abiertas entre los entresijos del gran nido para instalar los suyos, más pequeños. Y, por mucho que se limpie, el nido de un buitre nunca estará demasiado limpio. Enjambres de moscas y moscardones zumban por toda la copa del alcornoque.

Pero es abajo, en el matorral espeso de jaras, brezos, labiérnagos y madroños, donde se componen las estrofas más elaboradas. Es el mundo oculto de las currucas, pájaros de canto áspero, reseco, como

Curruca cabecinegra y abubilla.

áspero y reseco es el matorral de hojas coriáceas y espinas. No la veo, pero en una mata no para de cantar y reclamar una curruca cabecinegra. Su parrafada se confunde con la más reseca aún de una carrasqueña. Y esta, a su vez, enlaza con la de una curruca rabilarga. Son las tres primadonas del monte, las aves que rellenan la totalidad del espacio sonoro que queda libre entre los tonos graves de las abejas y el agudo chirriar de las cigarras. Solo a ratos una cuarta curruca, la mirlona —que en nada recuerda, ni por la voz ni por el aspecto, al negro y melódico mirlo—, añade unas notas más líquidas a esta cacofonía de asperezas.

Y de fondo, marcando el lento paso de las horas, la monotonía de la triple nota —¡pu, pu, pu!— de las abubillas.

La sombra de algún adulto en vuelo se proyecta sobre la plataforma, y al cabo se escucha un potente batido de alas. Un ave enorme frena en el aire, barre las moscas y se posa con estrépito. No lleva comida, nada en el buche para regurgitar, pero trae algo mejor: una buena sombra. Despliega los casi tres metros de alas y la plataforma abrasada es ahora un fresco cobertizo por el que corre el aire. El pollo se acurruca y es el adulto quien soporta el sol, que cae como plomo fundido sobre sus negras espaldas.

Avanza la tarde, la atmósfera deja de reverberar, la sombrilla ya no es necesaria y entonces un segundo adulto se acerca y durante unos segundos la enorme plataforma vuelve a ser el fugaz escenario de una ceremonia de aspavientos, aleteos, saludos y apaciguamiento. El resto de la tarde y hasta bien entrada la noche, cuando aprovecho la oscuridad para retirarme del observatorio, uno de los dos adultos, casi siempre la madre, permanecerá posado en una rama cercana, vigilando las maniobras y ejercicios de su retoño.

Para el pollo grande y con ganas de volar estas últimas semanas entrañan un gran peligro. Pasa buena parte del día barriendo el nido con potentes series de aletazos, elevándose unos palmos en el aire, suspendido sobre la plataforma. Aprende los rudimentos del arte de volar. Está impaciente, y en algún momento querrá lanzarse al vacío, ladera abajo. Y entonces es fácil que al posarse en una rama caiga, encajado con las alas abiertas en una horquilla, incapaz de liberarse y agonizando durante días.

Pero esto no debe de suceder a menudo a tenor de las cifras de éxito de cría de los buitres negros de Cabañeros. En 2024, por ejemplo, de los doscientos noventa y nueve nidos en los que se inició la reproducción volaron con éxito doscientos treinta jóvenes. La progresión ascendente de la colonia de buitres negros de Cabañeros es imparable, ha superado incluso a la de Monfragüe, y nada indica que se vaya a detener.

LA ESCODA

(((Foto síntesis del parque)))

Pocas semanas después de concluidas las peleas, los venados «desmogan», se desprenden de su cuerna y empiezan a fabricar para la siguiente estación una nueva, más grande, más ramificada. Una cuerna bien desarrollada, la seña de identidad de un macho joven, vigoroso y sano, puede tener una arboladura de hasta veinte puntas. A partir del noveno año de edad ya solo espera el declive. Durante los meses de desarrollo, la nueva cuerna está recubierta por una funda de piel aterciopelada que, al secarse, les debe de producir grandes picores. Entonces, literalmente, los ciervos se dejan la piel a tiras al frotarse contra troncos y postes; es el proceso llamado «escoda», y en zonas de alta densidad se pueden encontrar los «escodaderos», troncos y postes de madera desgastados, como afilados por una lima después de años de uso.

bit.ly/4iszqvs

Mesopotamia en La Mancha

LAS TABLAS DE DAIMIEL

En la llanura manchega, seca e inabarcable, la corriente de los ríos puede llegar a ser tan lenta que se desborde y anegue una amplia extensión. Eso es lo que sucede donde las aguas con un alto grado de salinidad del río Cigüela se mezclan con las más dulces del Guadiana, dando lugar a unas extensiones despejadas que por aquí se denominan «tablas». Es una «mesopotamia», palabra griega que significa 'tierra entre ríos', marjales encharcados similares en todo, excepto en tamaño, a los creados por los desbordamientos del Tigris y el Éufrates muy lejos de aquí, cerca del Edén.

El Parque Nacional de Las Tablas de Daimiel, en la provincia de Ciudad Real, fue declarado en 1973 por su importancia crucial como estación de cría, mancada e invernada para la mayor parte de las especies de anátidas, singularmente el pato colorado. Ocupa 3.030 hectáreas, de las cuales más de mil ochocientas son potencialmente inundables, en el dominio de los ríos Guadiana y Cigüela. Es una pieza, la más importante, de la red de lagunas denominada «La Mancha Húmeda», muy deteriorada en la actualidad. Pero ya desde su declaración este humedal arrastra graves problemas de desecación como consecuencia de la sobreexplotación del acuífero que antes hacía manar al Guadiana en los cercanos Ojos, fuera de los límites del parque. Hace muchos años que de la tierra no mana agua. En las temporadas más secas la superficie encharcada apenas alcanza las cincuenta y cinco hectáreas, algo más del 3% de la zona potencialmente inundable. Desde los años ochenta del pasado siglo se han diseñado varios —y por ahora poco eficientes— planes de regeneración hídrica que intentan revertir la situación. El más notorio, la aportación de caudales del trasvase Tajo-Segura a través del cauce seco del río Cigüela. En consecuencia, algunos años el Guadiana nace en las aguas del Tajo.

Al fondo, como un labio hinchado, se aprecia la línea blanquecina del canal interrumpido del Cigüela, el que a punto estuvo de secar las Tablas para siempre. Bautista García Consuegra, Guarda Mayor, entorna los ojos con un reproche indefinido.

—No hay agua, Bautista...
—Ya lloverá, digo yo.
—Se arreglará esto de una vez, Bautista.
  Volveremos a navegar aguas del Guadiana
  por el cauce del Cigüela.

Un cordel de azulones fustiga la isla de los Asnos.

Francisco León, *Perfiles en la solana.*

Nada en el paisaje circundante anticipa lo que le espera al viajero que se dirige hacia las Tablas de Daimiel. Kilómetros y kilómetros de carretera por la llanura manchega, cubierta por campos de secano, muchos regadíos, algunas dehesas y horizontes cerrados por lejanas serranías. Pongámonos ahora en la mente de un pato, si tal cosa es posible, e imaginemos el tesón, la confianza ciega de estas aves mientras sobrevuelan la llanura árida, monocolor, sin grandes accidentes geográficos que sirvan para la orientación. Con una idea fija en su mente, la confianza absoluta de que, en algún momento, en la ruta aparecerá una charca, un río, una laguna.

Ni río ni laguna, sino la suma de ambos mundos, las Tablas resultan del desbordamiento de dos cauces. El Guadiana, de mayor caudal y aguas dulces, manaba en las zonas en las que el acuífero de La Mancha Occidental afloraba a la superficie. En las Tablas se producía la confluencia con el Cigüela, de caudal más irregular, dependiente sobre todo de las lluvias, y aguas con un grado de salinidad alto. La mezcla de ambas corrientes, variable a lo largo del año, era la clave de la vitalidad de estas lagunas. Las aguas manantiales del Guadiana suponían el 70% de las aportaciones fijas, y el resto dependía de las lluvias y el caudal en superficie de los ríos. La vegetación acuática, y con ella los invertebrados, el plancton, los peces y todas las aves que se alimen-

Barca de fondo plano varada en el cauce. seco.

Una pareja de silbones.

tan de ellos, cambiaban de ubicación a lo largo del año. No había dos momentos iguales: la mezcla de caudales con diferentes grados de salinidad imprimía un dinamismo único. Y en temporadas muy lluviosas las aguas que aportaba el Guadiana, de más caudal, remontaban la llanura inundada. Era entonces cuando las barcas de fondo plano podían navegar el Guadiana por el cauce del Cigüela.

Pero los ríos ya no se comportan así. La sobreexplotación del acuífero, con descensos de hasta 35 metros en algunas zonas, ha secado las fuentes del Guadiana. Las lluvias en la llanura manchega ya no son predecibles. El área inundable disminuye de año en año. Los primeros intentos de solución consistieron en poner barreras a los ríos, en el desaguadero natural de las Tablas, en el molino de Puente Navarro, y la construcción del dique del Morenillo, un cinturón que divide la laguna en dos mitades. Desde entonces las Tablas de Daimiel ya no son un ecosistema fluvial creado por el desbordamiento de dos ríos y se han convertido en un embalse. Mantenido, además, con agua bombeada desde pozos de sequía. Una solución de emergencia que incide en el problema principal de desecación del acuífero. «Una charca para patos», dicen con desdén los escépticos.

¡Pero qué charca! Basta con que un año llueva por encima de la media para que la tierra cuarteada se convierta en un marjal. Nada hay más agradecido que un humedal seco que vuelve a empaparse. La imagen nos transporta entonces a las crónicas de libros antiguos, sistemáticamente escritos por cazadores ilustrados que no podían dejar de maravillarse ante la visión de un horizonte de agua en la llanura. Los cielos rojizos de los atardeceres manchegos, el aire que huele a humedad, el muro sonoro formado por el zumbido de millones de mosquitos, el plancton aéreo que da sustento a tantas aves... Decenas de miles de patos, miles de gaviotas y garzas, cientos de fumareles... Y todos los habitantes de las espesuras, invisibles al ojo pero presentes en el bullicio, la maraña de voces del paisaje sonoro lagunar.

De toda esta riqueza surge una pregunta. Las aves, claro, van y vienen, pero, ¿dónde estaban los gérmenes de esta explosión de vida en los años de barro seco?; ¿dónde se refugiaron los peces, los anfibios, la microfauna acuícola?; ¿y las semillas de las masiegas, las raíces y los rizomas de las encañizadas? Por todos ellos, por esta gran capacidad de resistencia, de revivir tras la sequía, las Tablas de Daimiel merecen ser conservadas.

Dos tarros blancos, dos porrones pardos y cinco silbones.

))) LOS CAMINOS DEL AGUA

Tres posiciones para la observación. Cada una de ellas nos ofrece una información distinta. Desde el aire, de nuevo a vista de pato, las Tablas de Daimiel se parecen a un mapa dibujado en el agua. Espacios abiertos, como mares, y masas irregulares de vegetación verde o parda, como continentes, conectadas entre sí por canales, golfos, cabos y ensenadas. Y de aquí para allá, a través de las aguas someras, trazos sumergidos de un color más claro, la huella abierta en los limos removidos por el paso ocasional de alguna barca de fondo plano, o el pisoteo de los grupos de flamencos que avanzan en línea. En este mapa los caminos del agua están trazados en el fango.

Más abajo, a unos pocos metros sobre el nivel del agua, la visión cambia por completo. Desde el observatorio de la isla del Pan, en el centro del parque, o, mejor aún, desde la alta torre de observación de Prado Ancho, en el límite oriental, la vegetación palustre levanta una muralla para los ojos. Las hileras de tarayes, los carrizales y los juncales se superponen como un muro impenetrable y las láminas de agua parecen pequeñas charcas entre las encañizadas. Desde aquí podemos observar el trasiego de las aves acuáticas. Varios aguiluchos laguneros, siempre a la vista, sobrevuelan metódicamente a ras de los penachos de los carrizos, sin dejar un claro entre las cañas sin prospectar. Los fumareles cariblancos en vuelo de pesca flotan en el aire, con el pico apuntando hacia abajo, y desaparecen al lanzarse contra la superficie. Los patos emergen en vertical, como expulsados del agua, para, una vez en el aire, redirigir la trayectoria. Entonces los banditos de unos pocos ejemplares vuelan a alta velocidad, sin abandonar los bordes del marjal, al amparo de la seguridad de las leyes que protegen este espacio. Por los alrededores, hasta donde alcanza la vista, las dehesas aledañas, los campos de cultivo, los regadíos y las primeras elevaciones de los Montes de Toledo envuelven la depresión encharcada. Los dos observatorios son, por tanto, los mejores oteaderos para entender este lugar, una isla de agua en medio de un mar de campos.

A pie, el visitante puede hacer algunos recorridos por un pequeño sector inundado por una red de caminos y pasarelas de madera y contemplar desde muy cerca las flotillas de patos confiados, los zampullines zambulléndose, los somormujos lavancos sumergiéndose. O pasear a las sombras de los bosquetes de tarayes, árboles de bajo porte que hunden sus raíces en suelos encharcados y salobres.

Pero la mejor manera de conocer las Tablas es navegándolas, serpentear entre los cañaverales, asomar con la proa a las llanuras de aguas libres. A la manera de los patos, se podría decir. En una balsa inestable de fondo plano, impulsada por una pértiga, con el barquero en la popa y la sorpresa oculta detrás de cada recodo. O bien vadeando las aguas someras a pie, con la superficie por la cintura y mucho cuidado de dónde se pisa para no resbalar. A la manera de las garzas.

Equipo de grabación de sonido frente a un observatorio de aves.

))) UN RECORRIDO EN BARCA

Navegamos de buena mañana por el canal que forma la Madre del Guadiana, el cauce principal del río, a bordo de una de esas barcas de fondo plano. Maneja la pértiga Julio Escudero, pescador de las Tablas, el último de una estirpe que nació entre estos canales, vivió en sus orillas y sufrió como nadie la agonía de la desecación. Pero hoy está contento, porque las lagunas tienen agua suficiente para su barca. Es primavera y a estas horas, hacia las ocho de la mañana, el sol debería despuntar ya hacia el este. Pero hace frío, la atmósfera está inmóvil y una niebla espesa cierra el horizonte a unos pocos metros.

Para la vista, el telón de fondo de la escena es una red tupida de cañas en las que se enreda la niebla. Para el oído, más allá de la niebla, el espacio se ensancha. Se oye el revoloteo de las puntas de aves, fochas y ánades, sobre todo, que levantan el vuelo. Lejos, pero con un silbido tan potente que anula la distancia, trina su triple nota —¡chi-be-be!— un archibebe común.

Por arriba, patos de todas las especies y colores —azulones, colorados, silbones, cucharas, cercetas, porrones pardos...— están de vuelta después de pasar la noche por los alrededores. Aunque hay evidencias de viajes más largos. Viejas observaciones ornitológicas —como se hacían antes: un tiro y examen del ave abierta en canal— detectaron arroz recién ingerido en los buches de algunas aves. Entonces y ahora los arrozales más cercanos están en Valencia, a más de 300 kilómetros a vuelo de pájaro, a los que hay que añadir los de la vuelta. Vengan de donde vengan, por encima de nuestras cabezas se percibe el siseo agudo que los patos producen con las afiladas puntas de las alas al sacudir el aire; una señal acústica que les sirve para mantener el contacto entre los miembros de la bandada durante el vuelo nocturno o, como es el caso, cuando la niebla cierra la visibilidad a pocos metros. Todo el cielo de las Tablas es una confusión de graznidos y siseos, cada uno según su especie.

Continúa la travesía a golpe de pértiga. El sol levanta el manto blanco y las matas de carrizos toman forma. Una tabla se abre a proa. Quietud en el agua, que solo suena cuando una focha sale a la carrera y chapotea laguna adentro, envuelta en los últimos jirones de niebla.

Nos aproximamos al cerco de cañas. El horizonte visual se cierra y los carrizos arañan las amuras de la embarcación, que parece que se queja. Navegamos muy despacio por las trochas, estrechos caminos de agua abiertos en el carrizal. El horizonte sonoro también queda limitado a unos metros. A muy poca distancia chirría lo que parece ser un insecto pero que en realidad es un pájaro, una buscarla unicolor, encaramada sobre una caña; llama un cetia ruiseñor, con su voz siempre imperativa;

Fuego en un humedal

«Smoke on the water, a fire in the sky».

Deep Purple

De un profundo color púrpura es el cielo en los atardeceres manchegos de invierno, cuando una sutil humareda, casi invisible, se expande sobre la llanura. Huele a quemado, pero no a fuego forestal. Un aroma acre, húmedo, se expande por la atmósfera del atardecer. Alrededor solo hay campos de cultivo, marjales secos y algunas acequias con poca agua. Ninguna columna de humo que indique dónde está el incendio, ni el trasiego de hidroaviones y helicópteros que atruenan siempre en los campos que arden. La realidad, por increíble que parezca, es que se está quemando el subsuelo de turba de una laguna seca. No hay fuego, no hay humo. Arde un humedal.

Los fuegos de subsuelo son frecuentes en La Mancha, en zonas que en otra época fueron marjales. La vegetación palustre acumulada durante milenios se transforma en turba, un material muy inflamable cuando está deshidratado. La sequedad abre grietas, el suelo se cuartea y el aire circula libremente bajo tierra. Con el aporte de oxígeno, la turba empieza a oxidarse, la temperatura sube hasta los doscientos grados centígrados y salta la chispa. El fenómeno es espontáneo, pero, una vez declarado, es muy difícil de controlar. Bajo la llanura arde un brasero gigantesco, a menudo de varios metros de espesor. Se cuentan historias espeluznantes de tractores hundidos en pozos de fuego, de caminantes que pisan suelos ardientes.

Las Tablas han sufrido varios episodios similares en las últimas décadas. El más grave, en 2009. Poco se puede hacer, salvo apisonar la tierra, compactarla para que no entre más aire, regar un poco y esperar a que llueva. La desecación no es lo peor que le puede pasar a un humedal.

pasa parloteando una bandada de bigotudos, y matraquea un carricero tordal. Todos ellos, pájaros ocultos del carrizal.

Julio, el barquero, maneja la pértiga con un ritmo fijo; la proa en su avance produce un rumor, un chapaleo sedante; lo mismo que las gotas que escurren por el palo cada vez que sale del agua, envuelto en una maraña de vegetación que explica la riqueza de este lugar. Son los amasijos de ovas, unas algas cuya sola presencia es indicativa de la calidad de las aguas. Porque, además, alojados en ellas viven las comunidades de invertebrados subacuáticos —copépodos, rotíferos, gusanos oligoquetos—, seres fantásticos adaptados a los ciclos imprevisibles de sequía y abundancia, capaces de sobrevivir enquistados meses, años, a la espera de una nueva oportunidad. Son los náufragos de la sequía. Y alrededor de ellos, o entre las raíces de cañas y masiegas, los peces que igual se adaptan a las aguas dulces del Guadiana que a la mezcla con las antaño salobres del Cigüela.

Rana común.

De nuevo en aguas libres, la barca navega entre los nidos flotantes de una colonia mixta de fumareles cariblancos y gaviotas reidoras; una combinación de vecinos que, por sí sola, justificaría la conservación de este humedal. Desde la distancia, en el centro de la tabla, allí donde las aguas alcanzan mayor profundidad, muge un somormujo lavanco. Pero el cielo ya es azul y la mañana templa. La panza plana de la barca se arrastra pesadamente por el fondo y el viaje concluye en un embarcadero.

TRAS UNA POLLUELA

Si el recorrido en barca lo hice sentado en la proa y en compañía del mejor guía, ahora estoy solo, en el agua, como metido en una aguatinta, un paisaje negro con algunas manchas de luz blanca. En plena noche, en la orilla de la isla de los Asnos, de pie dentro de unos vadeadores, esas botas altas que se convierten en pantalones. Con el agua oscura a la altura del pecho. La luna llena de junio ilumina la escena; el agua quieta copia las constelaciones del cielo, la imagen reflejada tiembla y se diluye a medida que avanzo y levanto un sutil oleaje. Acabo de identificar algo que no debería estar sonando. A la distancia, desde la otra orilla del Tablazo, se escucha un grito potente, agudo, un lento *crescendo* que cae en una serie de notas descendentes. La autora no debería estar aquí, ninguna relación de las aves del parque, ningún mapa de distribución que haya consultado la registra. Pero el sonido no miente, muestra lo que no se ve, lo que no consta. Es el reclamo territorial de una polluela bastarda, un ave de las espesuras perdidas. Y hacia ella me dirijo, paso a paso, con cuidado de no resbalar. No sé muy bien cómo se sale del agua con los vadeadores inundados. Por no hablar de la electrónica del equipo de grabación. Procuro no pensar en ello. Me distraigo con el coro de anfibios que rellena la noche. Croan las ranas comunes, doblan a coro las ranitas de San Antón, silban su doble nota los sapillos pintojos, gruñen bajo la superficie los sapos de espuelas. Los resonadores que llevan en la garganta, esos sacos que se hinchan como un globo y que, entre otras cosas, les permiten cantar sumergidos, como en circuito cerrado, amplifican la intensidad de sus llamadas. Con ese simple truco los anfibios, pequeños y a ras de agua, se crecen, parecen más importantes.

Focha común.

De acuerdo con la serenidad de la hora, ningún sonido destaca demasiado sobre los demás. Parece que todas las aves se contienen. La laguna es demasiado profunda para los ruidosos flamencos y demás aves vadeadoras de patas largas; solo las que flotan o las que trepan por las encañizadas se encuentran por aquí. Contra el agua negra, con los cañaverales en sombra, mi camuflaje es perfecto. En la oscuridad destacan la máscara y el pico blanco de una focha, de plumaje negro como la noche, que sale a la carrera, patalea sobre el agua y rompe la quietud del momento. Durante unos segundos la luna enciende el rastro. Unos zampullines chicos me ignoran, gruñen los calamones, escondidos tras las cañas, pero lo hacen en un tono bajo y su voz no sobresale sobre los pitidos nasales de las gallinetas.

Una excepción a tanta paz. Un martilleo agudo, penetrante, sostenido durante largos periodos de tiempo, explota al final con un gruñido, como un globo que se desinfla. Los rascones comunes están por todas partes.

Pero el reclamo misterioso sigue y sigue sin parar, cada vez más cerca, hasta que consigo colocarme a su lado y escuchar, con todo detalle, su llamada nupcial. Y allí plantado frente al objeto de la persecución, de puntillas y con el agua al límite, me doy cuenta de que a esta polluela bastarda le debo mucho más que mi primer registro de su voz. También la motivación para hacer el resbaladizo camino que me ha traído hasta ella, una noche de luna llena casi veraniega, un recorrido sonoro por las voces más profundas de este mundo secreto que solo se abre a quien avanza en soledad, despacio y en silencio.

Un rato después, ya noche cerrada, dormitan en las aguas someras del Morenillo. A menudo, durante largas horas de escarcha las observo por la parte de tierra, oculto en los tarayes de la orilla. En las noches de invierno las Tablas son un escenario en silencio, interrumpido constantemente por los estrépitos de las grullas. De manera intermitente rompen la paz, gruñen, gritan, trompetean y aletean, como si estuvieran a punto de entrar en celo. Las voces más agudas, más potentes, se alargan sobre la superficie del agua quieta, que actúa como un espejo para el sonido. Y ni siquiera cuando callan lo están del todo: un murmullo de ronroneos y silbidos escapa del círculo de aves, como si aun en sueños conversaran de sus cosas. Lejos, los patos azulones graznan, ganguean los gansos silvestres que, de un tiempo a esta parte, se han instalado en estas aguas. Silba un archibebe. Nadie duerme en los dormideros de grullas de las Tablas de Daimiel.

))) GRULLAS POR EL CAUCE DEL GUADIANA

Y del silencio del Tablazo al griterío de las grullas en la invernada. Fieles a su cita con este lugar, acuden cada atardecer a las orillas del Guadiana para pasar la noche. En campo abierto y con las patas metidas en el agua para que los chapoteos avisen de la llegada de algún merodeador.

A lo largo de la invernada el griterío de las bandadas de grullas se escucha desperdigado por los campos de media España. Pero aquí, en las orillas del Guadiana, los trompeteos tienden a ordenarse. Al caer la tarde las bandadas se perfilan como renglones que se adaptan al trazo de las líneas onduladas del horizonte. Avanzan en un frente ancho, pero a medida que se acercan reducen las distancias y se encajan entre los límites del cauce del río. Con agua o sin ella, sobrevuelan el molino de Molemocho, las alamedas de las riberas donde descansan los cormoranes grandes, y se pierden, envueltas en gritos, hacia el oeste.

Grullas en vuelo.

POLLITO DE FOCHA

Un pollito de focha común, de unos pocos días de edad, rebulle entre los carrizos, de pie sobre una pradera inundada. Imprudente, se asoma al descubierto, expuesto al ataque de alguno de los muchos aguiluchos laguneros, de las insaciables gaviotas reidoras que patrullan la zona, sobre la pasarela que conduce a la isla del Pan. Cuando crezca, tendrá la cara negra cubierta por una máscara blanca, pero ahora, con el plumón rojo y amarillo, dirige mejor la atención de los padres a su pico hambriento. De entre todas las aves acuáticas, las fochas son de las pocas que mantienen niveles aceptables de población. Al menos por comparación con los demás, a ellas les va bien. No es, por tanto, miembro de ninguna especie en peligro crítico, un endemismo que sobrevive a la desesperada, una joya de la naturaleza amenazada. Pero la presencia de este pollito recién nacido en un mundo acuático siempre al límite, que necesita de todas las ayudas posibles para mantener los mínimos de inundación, es como un grito, una petición de socorro. Y no hay que olvidar que los sucesivos gobiernos y parlamentos europeos, españoles y castellanomanchegos se han comprometido, solemnemente, a proporcionárselo.

bit.ly/4iRCDEx

Refugio para las aves de las tormentas

ARXIPÈLAG DE CABRERA

Na Foradada, Na Plana, S'Esponja, Na Pobra, Na Redona, Illa dels Conills, Ses Rates, Bledes y Cabrera, entre otros. Como escritos en la roca, los topónimos de este archipiélago balear nos dicen mucho del aspecto de sus islotes, de la fauna que los habita. Pero entre tantos nombres descriptivos no hay ninguno que se refiera al ruidoso espectáculo que tiene lugar cada noche, en primavera y verano, tras la caída del sol y previo a la salida de la luna.

Con más de noventa mil hectáreas de extensión, el Parc Nacional Maritimoterrestre de l'Arxipèlag de Cabrera es el más extenso de la red. Situado al sur de la isla de Mallorca, fue declarado en el año 1991. Del mar emergen diecisiete islotes y dos islas mayores, pero solo por una de ellas, Cabrera Gran, se puede transitar a pie en recorridos habilitados. En las aguas costeras se encuentra una variada diversidad de espacios, fondos arenosos cubiertos por praderas de posidonias, acantilados submarinos, golfos y ensenadas. Pero los límites de protección avanzan hacia la alta mar, por donde navegan las especies pelágicas, los bandos de delfines mulares y cachalotes, los atunes rojos. Además, el archipiélago, reserva natural para la cría de aves marinas tan amenazadas como la pardela balear, es uno de los pocos territorios de la costa mediterránea que se ha mantenido al margen de las transformaciones urbanísticas y la llegada masiva del turismo.

Llum, llum, llum, pausa. Fulgurant dins la foscor, només endevinat quan la lluna espargeix la seva claredat. El far assenyala el ritme dels vesperes a Cabrera.

Francesca Sunyer, *Viure a Cabrera*

Tres destellos blancos y una pausa. No hay luna que difumine su claridad, por lo que los destellos fulgurantes del faro d'Ensiola, pintado con rombos blancos y rojos, barren la oscuridad de la noche, a lo lejos, hacia la isla de Cabrera Gran. Un rato antes pasamos bajo los haces del otro faro del archipiélago —luz, luz, pausa larga—, el que en la pequeña isla de Na Foradada recibe a las embarcaciones que llegan desde la costa de Mallorca, diez millas más allá.

La única manera de arribar a Cabrera es en barco. Si los vientos de levante o la tramontana lo permiten. En otoño y en invierno es frecuente que el archipiélago esté incomunicado durante semanas. Dejamos el primer islote por babor y seguimos hacia el sur, enhebrando islas, antes de bordear la costa de Cabrera, con Sa Cova Blava por la amura de babor, y entrar, a la velocidad máxima de dos nudos, para fondear en la ensenada del Port de Cabrera.

))) LA TABERNA DEL PUERTO

Acantilados y desplomes, estratos apilados de roca caliza taladrados por infinidad de oquedades, ensenadas de fondos arenosos en las que el mar regolfa. Ni una sola línea recta, salvo las del horizonte marino y los muros del castillo de Cabrera. Un oteadero del siglo XV para vigilar el paso de los piratas berberiscos, los navíos enemigos ingleses, las manadas de delfines o, en medio de las guerras napoleónicas que arrasaron Europa, los destacamentos de prisioneros franceses condenados a morir lentamente en este paraíso semidesértico. Pero esa es otra historia.

Vista de la ensenada del puerto desde el castillo.

Amanece en este rincón de mar domesticado. Estoy sentado en una silla de la taberna del puerto, cerrada a estas horas. Incluso en este refugio los mástiles más altos de los barcos fondeados captan las ráfagas del viento de levante, el *llebeig*. Golpetean los catavientos, tintinean las jarcias contra los mástiles metálicos y todo el puerto suena como un enorme instrumento de cuerda. A los restos de comida dejados frente a la taberna del mar acuden, siempre pendencieras, las gaviotas patiamarillas. Mientras, en las aguas tranquilas, bandos de gaviotas de Audouin pescan en los bancos de castañuelas, los peces de cola bifurcada que se asoman a la superficie en el muelle. Más pequeñas que las patiamarillas, de aspecto más delicado pero, por el contrario, con una voz rota, áspera y desgarrada, las gaviotas de Audouin han protagonizado una de las pocas historias de éxito que se han producido espontáneamente en la naturaleza en las últimas décadas. Muy escasas hasta hace poco, tan raras que carecen de nombre vulgar —lo de Audouin es un homenaje de los científicos a un colega del siglo XIX—, en los últimos años han emprendido una expansión por todas las costas del Mediterráneo occidental.

Una lancha entra por la bocana, regolfan las olas en los muelles. En el mar todo es movimiento. Incluso en el abrigo de los puertos. Esa serenidad es lo que hace de Cabrera algo excepcional. En el Mediterráneo occidental, invadido por el turismo masivo, las costas urbanizadas, las playas convertidas en gigantescos soláriums, y cualquier cala, en un fondeadero, el archipiélago es un lugar casi vacío. El Mediterráneo como fue, un viaje al pasado. Y como en todos los lugares donde la presión humana es baja, la naturaleza responde con generosidad. Poca agricultura y algo de ganadería —cabras, como era de suponer— modelaron los paisajes interiores. Sabinares y labiérnagos se arremolinan en torno a Ses Quatre Quarterades, la encrucijada del centro de la isla. Maquias arbustivas de lentiscos y acebuches cubren otra buena parte, cargados estos últimos de olivas en otoño, en la época de paso de las aves migratorias. Una vegetación reseca, espinosa, áspera y adaptada a la sequedad del ambiente, como resecos y ásperos son los cantos y reclamos de las currucas cabecinegras y sardas, los verderones y demás aves de voces roncas que revolotean por aquí.

Pero los acontecimientos más interesantes de este archipiélago tienen lugar más allá de la bocana del puerto. En los acantilados, los islotes, las aguas abiertas y los fondos marinos.

))) LAS AVES DE LAS TORMENTAS

Hay aves que pasan toda su vida sobre el agua, lejos de la costa. Son las pardelas, paíños y petreles, emparentados con los albatros de los mares australes. Llevan el hermoso nombre de «procelariformes», que deriva del término latino *procella,* «borrasca». Como aves de las tormentas, viven en el mar, capean los temporales y cruzan océanos enteros para ir a comer a sus áreas de pesca. Y nunca, nunca, se aproximan demasiado a la costa, un mundo estático del que estas aves, acostumbradas a mecerse en el viento y las corrientes, no pueden esperar nada bueno. Vuelan sin esfuerzo aparente, se apoyan en el flujo laminar de aire que roza la cresta de las olas, ascienden casi en vertical y se deslizan hacia el siguiente apoyo, la siguiente cresta. Con las alas extendidas, balancean el cuerpo y rozan la superficie del agua con la punta de las plumas primarias, como los motoristas que buscan con la rodilla el límite en una curva. Millas y millas, día tras día. Han evolucionado para abarcar el océano, pero ningún ave puede prescindir por completo de la tierra; los nidos no flotan en el mar. Cierto que algunas especies de aves de aguas dulces, somormujos y fochas, por ejemplo, fabrican nidos flotantes, pero siempre entretejidos con la vegetación palustre y, por ello, anclados a la orilla. Aunque sea por un periodo muy corto, las aves marinas tienen que posarse en la tierra. Y en los islotes rocosos del archipiélago de Cabrera tienen algunos de esos refugios. Siempre muy cerca del mar.

Esta pequeña historia comienza muy lejos, en las aguas del golfo de Vizcaya, donde los temporales de poniente empujan a las bandadas migratorias de aves marinas que bajan desde los mares del norte. En noviembre el trasiego de aves que pasan frente a la costa cantábrica es imparable, aunque hay que tener un ojo de halcón para detectarlo en la inmensidad de la llanura oceánica. Vuelan de este a oeste, algunas especies en grandes bandos, más o menos en fila, más o menos ordenados. Los alcatraces son los más numerosos, pero también pasan los negrones comunes, patos marinos que forman cordones de cuentas negras, apretadas, a ras de agua y siempre a punto de dar con la panza contra las olas. Y en un frente disperso, en grupos pequeños, de cuatro o cinco individuos, surfean las olas las pardelas de diferentes especies. Atlánticas, pichonetas, sombrías, mediterráneas... y baleares. Pronto llegarán al Finisterre, la esquina donde giran la costa y los vientos, para perderse —es un decir— en las inmensidades del océano. Pero esa no es la opción de las pardelas baleares, que

Pardela balear, endémica de esta zona del Mediterráneo.

torcerán en ángulo recto para bordear la costa portuguesa, doblar en el cabo de San Vicente, dejar atrás la inmensa playa de Doñana, proceder hacia el Estrecho y pasar lo que queda del otoño y el invierno en Alborán y las bahías mediterráneas. Allí se encontrarán con viejas conocidas de singladura, las pardelas cenicientas mediterráneas, más grandes, igual de marineras. Semanas después, hacia el mes de marzo, buscarán unos pequeños islotes rocosos, taladrados por las olas, con derrumbes llenos de grietas. Y en la oscuridad de las noches sin luna las viajeras del mar, que llevan sin tocar suelo desde hace al menos diez meses, convierten sus colonias de cría en un escenario de gritos, lamentos y gruñidos como nadie puede esperar que emita la garganta de un ave.

))) LAS LUCES DEL MAR

Así, la oscuridad de la noche sin luna quedaba interrumpida en muchos puntos por manchas intermitentes de luz que iban y venían, crecían en brillo y se apagaban.

Rachel Carson, *Bajo el viento oceánico*

Hay días en los que el Mediterráneo es como un gran lago. Nada digno de llamarse ola deforma la superficie. Avanzamos muy despacio en una de las lanchas neumáticas del parque nacional. Venimos de trepar por los acantilados de Na Foradada, al norte, de escuchar las conversaciones en forma de ronroneos y murmullos de unos paíños comunes encerrados en sus nidos, oquedades en la roca que en ese islote, precisamente, no faltan. Nos iluminan los destellos del faro con su particular código morse de luces y sombras. Pero en la superficie del agua hay otras luces, de color verde fosforescente. La estela de la lancha se enciende con una luz fantasmagórica, la que emiten las noctilucas, millones de organismos dinoflagelados que se excitan con el roce del agua y emiten bioluminiscencia. Al sacar la mano del agua, un chorro de luz escurre por el brazo. Discutimos, sin acuerdo, si la pálida luz es verde azulada o azul verdosa. Adivinamos imágenes fantasmagóricas bajo el agua: los cabos de redes abandonadas envueltos en un halo, los peces carnívoros tras la pálida silueta de sus presas.

Na Foradada.

Nos dirigimos a la isla dels Conills, la segunda en tamaño del archipiélago. La lancha de goma acerca la proa a una roca de la ensenada de Es Blanquer, rebota y, al tercer intento, se estabiliza y puedo saltar a tierra. Es medianoche y voy a estar aquí hasta la mañana siguiente. Un derrumbe de rocas y tierra cae al mar, perforado por innumerables cavidades y madrigueras. Ocultos en muchas de ellas, aguardan los pollos ya grandes, emplumados, de las rarísimas *baldrigas,* pardelas baleares, viajeras de los mares de medio hemisferio, pero fieles a estos islotes para pasar sus pocos días anuales de marineras en tierra.

En la oscuridad del acantilado —la luna se puso hace rato— se escuchan unas voces que vienen del mar. Primero lejos, luego más cerca, un quejido agudo, delicado, que suena casi como una protesta. No son muchas, y van directas a la entrada de sus madrigueras, con el buche lleno de pescado y calamares semidigeridos para alimentar al pollo. La elegancia en el dominio de las olas se convierte en torpeza en tierra; largas alas, ideales para flotar en el viento, patas retrasadas, el pecho grande y pesado... Más que posarse, las pardelas se estrellan. No hay una explicación satisfactoria para la nocturnidad de estas aves. Quizá sea para no dar pistas a las voraces gaviotas sobre la ubicación de los nidos. Con el pollo ya grande, los adultos pasan poco tiempo en tierra. Empieza a clarear hacia el este cuando el último lamento se escucha en el mar. Poco después llegarán los primeros graznidos de las gaviotas patiamarillas, burladas una noche más por las discretas pardelas baleares.

Fondeo nocturno en la ensenada del puerto.

))) LLANTOS Y LAMENTOS

No es la primera vez que navegamos estas aguas en la oscuridad. Hace varios días que mis compañeros me desembarcan en algún islote, a veces no más grande que el patio de un colegio. Con algunas contrariedades, como se verá. Vengo aquí para grabar las vocalizaciones de las pardelas cenicientas mediterráneas, los *virots*. Poco a poco se van acercando, sombras furtivas que sobrevuelan en círculos, a baja altura, la panza y las alas blancuzcas destacando contra el cielo oscuro. Y envueltas en unos gritos que solo pueden compararse con llantos. Los machos gruñen; las hembras parece que se lamentan. En las noches más tranquilas, de los islotes cercanos llegan los mismos gritos, y entonces un clamor se expande por la superficie del mar.

Aunque no todo es tan hermoso. No puedo decir que no estuviera avisado. Sabía que iba a pasar la noche en una isla habitada por ratas hambrientas, decididas a arrebatarme la cena. En varias ocasiones he tenido que romper mi invisibilidad, encender una linterna y contener algunos gritos involuntarios. En pleno aguardo, las ratas, que diezman las poblaciones de aves marinas de los islotes, se toman demasiadas confianzas. Las campañas de control por parte de los gestores del parque son continuas y eficaces. Pero entre tanta paz, recuerdo algunas noches de pesadilla en las que parecía que el territorio era suyo.

))) HALCONES MARINOS

El comportamiento noble no rige en la naturaleza. Pocas ventajas se pueden obtener del *fair play,* el «juego limpio». Todos los subterfugios están permitidos, y allí donde se presente una oportunidad, alguien sabrá aprovecharla. Aunque eso suponga modificar los hábitos de conducta más arraigados.

Es casi una norma universal que las aves críen en torno a la primavera, desde finales del invierno hasta entrado el verano. Muy pocas lo harán en otoño. Pero es en esa época cuando surge una de aquellas oportunidades, con los bandos de pajarillos migratorios transitando en masa por rutas bien definidas. Para las que cruzan el mar, una isla es como un puerto seguro, un lugar en el que pararse a descansar y alimentarse antes de proseguir. Y ahí, al atardecer, cuando llegan a las costas, famélicas y exhaustas, les esperan en sus nidos los pollos hambrientos de unos cazadores que han retrasado su calendario hasta ese momento. Posados en los acantilados, en vuelo altanero o rozando la superficie del mar, aguardan los halcones marinos, que, por cuestiones de la historia, llevan el nombre de Eleonora. Una *judike,* condesa de Cerdeña.

Más pequeños que sus parientes los peregrinos, los halcones de Eleonora viajan en grupos y llegan a las costas mediterráneas en verano, para criar en pequeñas colonias dispersas: otra rareza entre las aves de presa. En Cabrera es fácil verlos, más aún escucharlos cacarear sobre los acantilados, unos gritos estridentes que, a veces, se confunden con las letanías de las gaviotas. De manto oscuro y pecho rojizo, como la roca caliza a la luz del atardecer, cuando

Halcón de Eleonora.

empieza su jornada. Cazar pajarillos en el aire con poca visibilidad no es fácil, y los halcones marinos practican todo el día sus dotes para el vuelo. Hacen piruetas, se lanzan en picados vertiginosos, corrigen la trayectoria un instante antes de la zambullida; o vuelan directos hacia el acantilado para, como los vencejos, frenar en seco en el último segundo, cola desplegada, alas cruzadas, y posarse bruscamente en la roca. Cada tarde montan un operativo comunal, a la espera de los bandos de zarceros, petirrojos, currucas, abubillas, andarríos, golondrinas —aunque estas vuelan demasiado rápido—, y caen sobre ellos, que apenas tienen fuerzas ni tiempo para reaccionar. Algunos halcones esperan en los riscos, otros vuelan a ras del agua; otros, en fin, otean desde las alturas, en planeo altanero. Nada que vuele escapa a la red de detección. Los halcones de Eleonora crían así a sus polluelos con el alimento más rico, la fibra musculosa, llena de energía, que impulsa a las aves en su vuelo migratorio de un continente a otro. La misma celada se tiende con las primeras luces del día, a la llegada de los migradores nocturnos o en persecución de los que parten para un nuevo día de desafío sobre el mar.

Castillo de Cabrera.

Sa Cova Blava

Flotamos en una cueva marina de color azul, abierta en la costa norte de la isla grande. En su interior hay un momento, justo cuando el sol se pone en el horizonte, en el que los rayos inciden hundidos en el agua, bajo la línea de flotación. Le pido entonces al patrón de la lancha que apague el motor para escuchar la resonancia del mar en la roca. La maniobra es peligrosa; la marejada nos lanza contra las paredes, así que varios compañeros sacan los bicheros por los costados para evitar que nos estrellemos. Merece la pena. Por la boca triangular de seis metros de altura entra a raudales la luz que ilumina los veinte metros de la cavidad. El agua es azul, el techo de roca también. Los trenes de olas baten constantemente, y con las más altas flotamos durante unos segundos sobre el nivel del mar, justo en el momento en el que el sol poniente nos ilumina desde abajo.

Mientras, durante los segundos que el patrón me concede, el oleaje resuena en la cavidad, regolfa en las oquedades, salpica la orilla, chapalea bajo el casco de la lancha. El mar abierto suena encerrado. Sa Cova Blava es su catedral.

))) EL SÓNAR DE LOS DELFINES

Buceamos con esnórquel sobre una pradera de posidonias, el auténtico vivero de la biodiversidad marina. En estas frondas desovan los peces y pasan las primeras fases de vida las larvas de infinidad de invertebrados marinos. Los rodales son fácilmente visibles desde la superficie, manchas oscuras entre los fondos más claros de arenas. La posidonia no es un alga, deriva de antepasados terrestres, los tallos crecen como hierbas y al mecerse calcan el ir y venir de las olas, como impulsadas por el viento oceánico.

Flotando entre dos aguas, en nuestros oídos se escucha una confusión de ruidos, de chasquidos y de zumbidos. La presión del agua contra la burbuja de aire que, como un colchón neumático, protege al tímpano amortigua los chirridos y crepitares de los motores lejanos de los barcos, que se propagan muchas millas. Pero más cerca se percibe una confusión de «voces», emitidas por los peces, los crustáceos y los cetáceos: la banda sonora del mar profundo.

Aunque para escuchar de cerca a los delfines no bastan un tubo y unas aletas. Hay que ir a su mundo. En mar abierto y a unos cuantos metros bajo el agua. Los delfines mulares patrullan habitualmente las costas de Cabrera. Son visibles desde cada promontorio o desde cualquier embarcación. No hay que esperar mucho para ver sus aletas, los saltos fuera del agua. Pero hay una zona por la que patrullan con más interés: al norte del parque, cerca de Foradada. Fuera de los límites de protección, los barcos arrastreros rastrillan el fondo del mar y a su estela rebullen todos los seres vivos que se libran de la red. Y en esa estela navegan los bandos de los inteligentes delfines mulares. Así que la mejor forma de acercarse a ellos es seguir a los arrastreros en una lancha, parar en las aguas agitadas y esperar. Con un hidrófono calado a dos metros de profundidad, un micrófono diseñado para escuchar bajo el agua. Con el oído de un delfín.

Los delfines «ven» a través de lo que escuchan. El sónar, la localización por ecos, es un sistema de navegación tan antiguo como la historia de estos animales en el mar. Los delfines, como otros cetáceos —y como los murciélagos, aunque estos se orientan en la franja de los ultrasonidos—, emiten series de chasquidos de alta frecuencia que, al rebotar con algún objeto, regresan en forma de ecos. El retardo les permite medir la distancia; la suma de una serie de rebotes forma en la mente del delfín una imagen sonora: un banco de peces, algún objeto flotando, el casco de una embarcación. Para lo que no está preparado ningún delfín es para entender los ecos que están a punto de escuchar.

No tardan en llegar. El hidrófono capta unas series de chasquidos y chisporroteos lejanos, que se acercan rápidamente. La primera impresión es de ruido eléctrico, como si el conector del cable estuviera fallando. Pero no, son los pulsos que preceden a estos animales. Durante la navegación lanzan series continuas de sonidos; solo al detectar algo la cadencia se acelera, como si iluminaran mejor el objeto que han detectado. Para ganar direccionalidad, he colocado el hidrófono en un reflector parabólico, un plato cóncavo como la antena de un radar, que amplifica la señal acústica, igual que un teleobjetivo acerca la imagen. Para un delfín, animal curioso donde los haya, esto es un enigma. Y por los auriculares me doy cuenta de que lo están inspeccionando. No se parece a nada que ellos conozcan, y durante unos minutos un grupo de cuatro o cinco se entretiene curioseando alrededor de la lancha. Salen a superficie, respiran por el espiráculo, lanzan rápidas series de clicks y en su cerebro acústico deciden que, sea lo que sea, el plato no sirve para comer y reemprenden la persecución. Tras el barco de arrastre y los bancos de peces asustados.

Foto síntesis del parque

LAGARTIJAS BALEARES, NÁUFRAGOS DE LOS ISLOTES

Podarcis lilfordi

Las islas, se ha dicho muchas veces, son laboratorios de la evolución. Las poblaciones aisladas tienden a diferenciarse a mayor velocidad que aquellas que se encuentran y entrecruzan constantemente. Hay muchos ejemplos conocidos. Cada una de las islas del archipiélago de las Galápagos tiene sus pinzones de Darwin, todos parecidos, pero todos diferentes. En varias de las Canarias han evolucionado diversas subespecies de herrerillos. Pues bien, el microcosmos de Cabrera, mucho más pequeño, tiene hasta diez subespecies distintas de la lagartija balear, la *Sargantana gimnesica,* un discreto saurio que sabe adaptarse con rapidez a las condiciones de sus pequeños mundos. Han tenido apenas doce mil años para hacerlo, el tiempo que ha transcurrido desde que el archipiélago se separase de Mallorca. Y en cada isla presentan adaptaciones diferentes. Ocupan todos los hábitats disponibles en los islotes, playas de arena, litorales rocosos o el interior de las pequeñas masas forestales de las islas de mayor extensión. No es lo mismo crecer en la dels Conills, densamente cubierta de acebuches y sabinas, que en el islote de ses Bledes, por ejemplo, con una superficie de media hectárea, con capacidad para acoger a solo un puñado de ejemplares, batidos, además, por las olas durante los fuertes temporales de levante. Muy escasos, tanto que algunas poblaciones bordean la extinción, estos reptiles han demostrado ser capaces de adaptarse a las condiciones ambientales más exigentes, pero no a la invasión de las ratas y la presión abusiva de las gaviotas patiamarillas. La fragilidad de las sargantanas es la medida de la fragilidad de la vida en las islas.

bit.ly/42991No

Hielos
y soles

SIERRA NEVADA

Los rebaños de cabras montesas andan a testarazos, en celo, por las cuestas de Sierra Nevada. Pico del Cuervo, Cerro de los Machos, Peña Cabrera, Ventisquero de las Cabras, Alto de la Buitrera, Loma del Jabalí, Peña de los Pájaros... Estas montañas llevan escrita en sus topónimos la variedad de sus comunidades faunísticas. Fuente Fría, Fuente del Espino, Laguna de Borreguiles, Las Chorreras Negras, Río Seco —de nombre incomprensible—, Tajos del Nevero, Manantial del Lavadero de la Reina... También el agua parece tener mucho que decir en el mapa de la sierra. Por no hablar de los nombres de la infinidad de horcajos, crestones, lomas y despeñaderos contra los que restallan los testarazos de los machos encelados.

Las 86.208 hectáreas del parque ocupan toda la loma de la sierra y los principales barrancos. Con 3.482 metros sobre el nivel del mar, el Mulhacén es el pico más alto de la península; pero a su alrededor se alzan al menos otros quince «tresmiles», con el Cerro de los Machos, la Alcazaba y el Veleta muy cerca de su cumbre. Sierra Nevada fue declarado parque nacional en el año 1999 como reconocimiento a la singularidad de este espacio, la alta montaña en un entorno meridional, que pasa de las laderas de nieves profundas a los barrancos más resecos. Y por la presión que supone para su integridad el contacto con la enorme estación de esquí de Sierra Nevada, la más meridional de Europa, que se apoya en la falda occidental del pico Veleta.

Pico Veleta.

El escarpe es tan inconfundible que incluso un viejo logotipo diseñado para el parque nacional lo reproducía con un simple trazo. Sugiere la existencia de un derrumbe, de un profundo hueco al pie de la ladera. Como la cresta cimera de un yelmo, corona la loma del Pico Veleta y señala la existencia de un desplome, la cabecera del Corral del Veleta, el circo excavado por los glaciares. El escalón es visible desde cualquier punto al oeste de la sierra, incluida la vega de Granada; pero también por el lado contrario, en cualquiera de los miradores que, como el de Trevélez o el del puerto de Molina, se elevan sobre los barrancos de las Alpujarras. Es, además, el límite entre los territorios salvajes del parque nacional y la montaña herida, arañada por las pistas y remontes de la estación de esquí. El resumen de la orografía de estas cumbres, concentrado en una simple línea quebrada.

Vista desde el exterior, la orografía de la sierra ofrece dos caras. Una serie de lomas abombadas por la parte sur, la que cae hacia los barrancos de las Alpujarras, y un perfil de aspecto escarpado, roto por los hielos, en la cara norte, la que da a los valles del río Genil, el Fardes y el Nacimiento. Parece que el hielo de los glaciares pulió el terreno en la vertiente meridional y lo fracturó en la norte. Es al oeste de la sierra donde se acumulan las mayores altitudes, los quince «tresmiles». Hacia el este, en cambio, el perfil montañoso cae por una larga serie de lomas abombadas, como una cuerda tendida, hasta el puerto de La Ragua y sus pinares de repoblación. La actividad erosiva de los glaciares cuaternarios excavó una cadena de recuencos, ocupados por lagunas. Al colmatarse, muchas de ellas se han transformado en praderas encharcadas, tremedales que en la terminología local reciben el nombre de «borreguiles», quizá por ser ahí donde sestean y pastan las cabras montesas cuando no están asomadas a los despeñaderos de las cumbres.

La vegetación de este paisaje roto, fracturado por heladas y soles, es escasa, rastrera en las cumbres, formada por piornales almohadillados en las lomas, coloreadas las rocas por los líquenes.

En consonancia con tanta dureza, las aves son escasas. Por el cielo vuelan las omnipresentes chovas piquirrojas, algunos cuervos, y parlotean las alondras. Los buitres leonados sobrevuelan las cumbres, pero las águilas perdiceras y reales son francamente raras. La mejor noticia es que desde el año 2024 los quebrantahuesos están volviendo, después de cien años desaparecidos, con la suelta de unos pocos ejemplares jóvenes criados en cautividad por la Fundación Quebrantahuesos. Sin embargo, las aves que mejor se identifican en su carácter con la dureza de estas cumbres son los acentores alpinos. Fáciles de observar, confiados, nunca abandonan las alturas y suelen revolotear entre los caminantes que, a duras penas, ascienden por las sendas del Veleta y el Mulhacén, con el pulso acelerado por el aire enrarecido.

La sierra es dura, inhóspita por encima de los dos mil metros, el nivel de las nieves. Pero es también un reservorio de agua. Y esto es el sur, donde la tierra siempre responde con vigor al riego. En los profundos barrancos por los que desaguan las nieves, hacia las Alpujarras, al sur, o hacia la vega del Genil y el Guadix, al norte, la vegetación crece con fuerza y tapiza con robledales, encinares y castañares, pero también bosques mixtos de hoja caduca, las laderas más abrigadas.

))) OTOÑO EN LA VEREDA DE LA ESTRELLA

Pasa en todos los valles y barrancos por los que desaguan las montañas. Aunque los caudales sean escasos, el sonido del agua rebota en las paredes, se amplifica y rellena el espacio sonoro. Sobre todo, allí donde la corriente resuena en los rápidos y se despeña por cascadas.

Tal es el fondo sonoro de la vereda de la Estrella, la puerta de entrada al valle alto del Genil, en la base del circo formado por el desplome de los tres grandes gigantes de la sierra, los picos Veleta, Mulhacén y la Alcazaba. Siempre por la margen izquierda del joven río, la vereda asciende por laderas abruptas, se asoma a despeñaderos, atraviesa lajas de cuarcitas y esquistos, como milhojas de roca por los que triscan las cabras montesas. A lo largo de su curso, el barranco cambia de dirección, por lo que no es sencillo dividirlo en umbría y solana. Pero sí queda claro que en aquellas laderas donde la insolación es mayor, el arbolado, encinas, sobre todo, aparece diseminado, y en las umbrías crecen masas de castaños, muchos de ellos viejos, centenarios, ya solo útiles para dar sombra. Abajo, las aguas bravas del Genil corren ocultas por un espeso bosque de galería, formado por álamos, quejigos, guindos, arces y serbales.

La senda avanza entre restos de tapiales de antiguos huertos, de las ruinas de poblados mineros abandonados hace mucho tiempo. En un momento de la marcha el camino gira, el valle se abre y nos encontramos de frente al llamado Viso de las Nortes, la imponente visión de las moles del Mulhacén y la Alcazaba, que se yerguen más de dos mil metros por encima, con el clásico escarpe del Veleta oculto, a la derecha. Desde ahora los colores del paisaje serán el blanco de las nieves, el negro de las rocas, el verde pardo de las encinas, los diferentes tonos rojizos, cobrizos y amarillentos de los árboles caducifolios, el blanco de las aguas bravas en los rápidos y cascadas, azul en las pozas. La vereda de la Estrella es entonces la vereda de los colores.

Vereda de la Estrella.

Flora endémica

Inviernos fríos, veranos tórridos, sequedad extrema sobre pedregales de rocas deshechas por gelifracción. La vida no es fácil para la vegetación de las altas montañas, que, como respuesta, sigue estrategias extremas de adaptación. Para aclimatarse a estas condiciones, las plantas de la sierra han debido desarrollar unas capacidades únicas. Si la mayoría de las especies no podrían vivir aquí, estas tampoco podrían hacerlo en ningún otro sitio.

Las cifras son contundentes. En toda la península ibérica hay 5.300 especies vegetales, de las cuales 950 son endémicas. Pues bien, solo en Sierra Nevada se han catalogado 2.100, 200 de ellas compartidas por estas montañas y las más altas del norte de África. De ellas, 170 aparecen por el resto de la península, pero veinticinco solo lo hacen en sierras próximas. Y setenta y siete son taxones exclusivos. La estrella de las nieves, con un forro de pelos blancuzcos en los pétalos para protegerse del viento y el frío —la misma adaptación, por cierto, que el edelweiss, la flor de nieve—, la violeta de Sierra Nevada o la tiraña, una carnívora de los tremedales, son algunas de las plantas que solo viven aquí. Los prados encharcados de los borreguiles, convertidos en bloques de hielo durante buena parte del año, son las principales reservas de endemismos de la sierra. El resto de la vegetación de las zonas altas, fuera de las pedreras, está formada por piornales de forma almohadillada, la mejor para resistir el embate del viento y el peso de la nieve; y en las cabeceras altas de los barrancos aparecen pinos desmochados, martirizados en invierno por el peso de las nevadas y en verano por la ausencia de agua.

Sierra Nevada es, por tanto, la mayor reserva de endemismos vegetales de nuestro país, solo por detrás de ese otro mundo vegetal de las islas Canarias.

El agua de la sierra escurre por profundas gargantas.

En el campo sonoro apenas se escucha otra cosa que el rugido del agua. Y muy a tono con el lugar, el reclamo de una lavandera cascadeña. En los frutales silvestres se arremolinan grupitos de pájaros en paso, currucas capirotadas y cabecinegras; y los reclamos simples, regañantes, de los habitantes locales: carboneros, petirrojos, algunos graznidos de cornejas, los gritos ásperos de los arrendajos. La simplicidad del concierto sonoro contrasta con la riqueza de matices del escenario vegetal.

))) EL CORO DEL ALBA EN LA DEHESA DE CAMARATE

Se trata de otro de los barrancos que desaguan por la cara norte, un valle húmedo, de bosques caducifolios, que vierte hacia las zonas que pronto serán áridas de Guadix.

Vine hasta aquí para escuchar el coro del alba, la secuencia que los pájaros entonan cada día antes del amanecer. Desde un buen rato antes de que el cielo empiece a clarear y hasta que el sol está ya alto sobre el horizonte, las aves cantan en una secuencia determinada, característica de cada lugar, de cada bosque y de la época del año. El orden no es el mismo al comienzo de la primavera, cuando las únicas aves presentes son las sedentarias —mirlos, petirrojos, carboneros y otros—, que a partir de las primeras semanas de abril, cuando las aves estivales van llegando y cada día se incorpora una nueva voz, un nuevo solista al coro.

En una madrugada de finales de abril elijo el arroyo de Las Rozas, una de las zonas más frescas en el valle que atraviesa la dehesa de Camarate. El agua borbotea en un puentecillo, donde la pista forestal cruza la corriente y sube por la ladera que lleva al cortijo de Camarate. A esta hora se da la paradoja de que el sonido del agua, formado por la suma de muchas voces, es el único que permanece

Otoño en la dehesa de Camarate.

siempre igual, mientras que alrededor, en el soto de chopos y alisos, la biofonía forestal cambia a cada momento.

06:30 h

Entre los primeros en romper la inactividad de la noche están casi siempre los petirrojos y los chochines. En el arroyo de Las Rozas lo primero que se escucha es el crepitar de uno de los segundos, unas pocas notas antes de volver a callar. Le siguen los chasquidos secos de un petirrojo, que calla también, y el cloqueo metálico de un mirlo, que no acaba de despertar. No están claras las razones que llevan a algunas aves a manifestarse de una manera tan tímida para volver a callar. Algunos investigadores suponen que se trata de una exploración del espacio, un sondeo para saber si el territorio está ya ocupado por otros individuos. Quien se expresa a estas horas lanza una pregunta como en voz baja —¿Hay alguien ahí?—, pero sin exponerse demasiado y a la espera de no recibir respuesta, lo que indicaría que el espacio estaría disponible. Sea cual sea la causa, los primeros compases del coro son así, largos silencios pespunteados por breves reclamos.

06:45 h

Pronto los acontecimientos se aceleran. Arriba, en el cielo, empieza a clarear, aunque aquí abajo, entre las sombras del soto, la noche todavía es negra. Y de las marañas de la orilla sale la llamada que indica que ya pronto va a ser de día. De unas zarzas brotan dos o tres notas imperativas, seguidas de una serie corta de notas enlazadas, todo ello como una orden: despierta un cetia ruiseñor. Y, arrastrado por su ímpetu, un zarcero común lanza su primer y enmarañado parloteo.

07:00 h

Sube la luz del alba. Los árboles van cogiendo forma, las hojas nuevas de robles, sauces, serbales y fresnos se identifican ya con claridad. Por todas partes vuelven ahora a cantar los ruiseñores comunes, recién llegados de África y, por tanto, con la tarea urgente de definir los límites de los territorios de cría. Ya no se trata de preguntar si hay alguien por ahí, sino de afirmar con contundencia su presencia. Y aunque lleva ya un rato dando la doble nota, se escucha con claridad la voz de un cuco, amplificada por las paredes del valle, difuminada por la reverberación del soto.

07:15 h

Ya es de día y todo el elenco forestal entona al unísono la canción del alba. Voces rotas de cornejas, músicas líquidas de zorzales y mirlos, parloteos altisonantes de las currucas capirotadas. Desde el fondo del soto se escuchan los relinchos de los pitos ibéricos, los pájaros carpinteros de los sotos.

07:30 h

El sol ilumina las lomas más altas, en las crestas de la sierra. En el soto, al fin, se escucha una voz con un toque exótico, con cierto aire selvático. Musical, líquida, bien modulada, en la misma tesitura que una flauta de madera. Aprovecha las condiciones acústicas de la bóveda forestal, fresca, húmeda, para propagarse mejor. Está cantando una oropéndola. Pese a lo llamativo de su colorido, amarillo intenso en los machos, algo más verdoso en las hembras, las oropéndolas se dejan ver poco. Pasan la mayor parte del día entre las sombras de luz verdosa, dentro de las copas. Pero su voz es suficiente para confirmar que amanece el día y que se puede dar por concluida la secuencia del coro del alba.

Pito ibérico.

MANZANILLA DE LA SIERRA

Artemisia granatensis

(((**Foto síntesis del parque**)))

Podría haber sido cualquier otra de las plantas endémicas, adaptadas a las heladas del invierno y la insolación radical del verano; que introducen sus raicillas por suelos de rocas fragmentadas y en constante movimiento, o en las praderas encharcadas de los borreguiles. Podría haber sido la amapola de la sierra; o la violeta de Sierra Nevada, o la linaria glacial, la estrella de las nieves. O, incluso, la carnívora tiraña. Pero he elegido la manzanilla de la sierra, tan resistente como la que más, que vive en pastizales secos, pedregales y cascajares por encima de los 2.500 metros, donde pasa la mayor parte del año enterrada bajo la nieve. Su vocación por las alturas es tal que los primeros botánicos que herborizaron en la sierra la encontraron en la misma cumbre del Mulhacén. Por sus propiedades medicinales, buena para hacer tisanas contra los males de estómago, ha sido recolectada desde siempre por los «manzanilleros», cabreros de la sierra que suplementaban así sus escasos ingresos. En torno a ella se estableció un negocio que llevó a la especie cerca de la desaparición. Olfateé su aroma por primera vez lejos de las cumbres, mucho más abajo, en las calles de Granada, en puestos de plantas medicinales de los mercadillos ambulantes. Y la he elegido como símbolo de este parque nacional porque creo que la protección que ofrece es, también, la mejor garantía para preservar los aromas silvestres de la sierra.

bit.ly/41ws2YO

Retrato de una tierra salvaje

DOÑANA

Este es el retrato de una tierra salvaje, formado con algunos de los relatos del humedal más importante del sur de Europa. Un lugar abierto a todos los vientos, donde se cruzan las rutas migratorias de las aves que van y vienen al compás de las estaciones. Es también la historia de un bosque que crece alrededor de una marisma que se formó entre el mar y las orillas de un gran río, encerrada por montañas levantadas por el viento. Un lugar difícil, en el que a la abundancia le siguen largos periodos de escasez.

El Parque Nacional de Doñana fue declarado en 1969, como una ampliación de los terrenos de la Reserva Biológica de Doñana, creada poco antes por suscripción privada. Con una extensión de 54.252 hectáreas, envuelve los antiguos cotos, matas de monte y dunas a los que debe el nombre, pero incluye terrenos muy diversos: parte de la antigua marisma del Guadalquivir; las matas de pinares y montes de encinas y alcornoques del norte y las orillas de los cauces principales; los cordones de dunas litorales; la larga playa de Matalascañas y la orilla del Guadalquivir, allí donde el río se ensancha en la desembocadura. Junto con su posición geográfica, en la ruta de tránsito de las aves viajeras de dos continentes, esta mezcla de paisajes es la clave de la gran biodiversidad de Doñana.
Con los años, alrededor del parque se ha ido ampliando un área de influencia mucho mayor, en las dos orillas del Guadalquivir. Es el denominado «Entorno de Doñana». Pero en este libro trataremos solo del parque nacional en sentido estricto, las marismas, veras, caños, bosques y cotos que rodean al viejo coto de Doñana.

))) LA ENCRUCIJADA DE LAS AVES VIAJERAS

Las fronteras de Doñana se estiran hasta mucho más allá del horizonte. Al igual que en las viejas cartas de navegación, largos haces de líneas que arrancan de las regiones más apartadas confluyen en un punto, como los rayos de una estrella. En este caso, cada línea representa una ruta migratoria. Llegan desde todas las direcciones de la rosa de los vientos, y volando en cada uno de esos vientos viajan las esforzadas viajeras.

1. En las llanuras inundadas de Bielorrusia, un zampullín cuellinegro se dispone a emprender el viaje. 3.300 kilómetros a vuelo de pájaro batiendo alas por todo un continente.

2. Una espátula que ha pasado la mala estación en las aguas ricas y cálidas del Banc d'Arguin, 2.000 kilómetros al sur, en la costa mauritana, sube bordeando por los marjales y albuferas de la costa marroquí para, mediado enero, llegar a la marisma donde nació. Aquí su ruta se cruza con las de otras que, nacidas en Holanda, llegaron para pasar el invierno.

3. En un viaje paralelo, un pato cuchara abandona los pólderes junto al mar del Norte y aletea, en bandadas comunicadas entre sí por el siseo que emiten las puntas de las alas en vuelo tenso, para arribar, con otros diez mil compañeros, a un punto encharcado al sur del continente.

4. Y de las mismas aguas salobres, una entre diez mil agujas colinegras busca los maizales y arrozales de fangos disueltos en los que poder hundir su largo pico, fino y afilado como una aguja.

5. Una garza imperial abandona las sierras lluviosas de Sierra Leona, cerca de las fuentes del río Níger, y cruza un desierto, las montañas del Atlas y el estrecho de Gibraltar para reunirse en ruidosas concentraciones con otras de su estirpe.

6. Desde las costas del mar Báltico un ánsar común termina su viaje de 2.500 kilómetros a través de un continente. En años buenos, en el pasado, gritaban hasta ochenta mil aves juntas; en los últimos tiempos de sequía y desecación, apenas llegan unos miles, y la mayoría de ellos prefieren remolonear en los campos de cultivo de Centroeuropa.

7. Nacida en los profundos lagos de Escocia, un águila pescadora llega costeando. Es difícil medir la longitud de su vuelo, ya que el águila no dejará un estuario ni un rincón de una ría sin explorar. Para las pescadoras vivir y viajar son la misma cosa.

8. Una auténtica rareza. Un chorlito dorado americano cruza el Atlántico desde la bahía de Baffin, en el Ártico canadiense, y rebusca hambriento entre los fangos removidos de los arrozales de Isla Mayor. Doñana es también el refugio ocasional para aves perdidas en la inmensidad del planeta.

9. Un chotacabras cuellirrojo abandona las matas de arbolado disperso y suelos arenosos del norte del Sahel y llega a las matas de arbolado disperso y suelos arenosos del sur de Europa. Para muchas aves viajar es la forma de no cambiar nunca de paisaje.

10. Un abejaruco, en fin, atraviesa las tierras áridas de África, sin esperanza alguna de encontrar una abeja que echarse al pico, y llega a los terrenos arenosos del monte blanco para excavar sus nidos en taludes o, directamente, en suelos bien drenados.

Las fechas de todos estos viajes no coinciden. Unas aves bajan a mediados del otoño, otras suben al comienzo de la primavera. Pero todas ellas y cientos de miles más trazan un haz de caminos aéreos que, desde todas las partes de Europa y África, convierten a Doñana en la principal encrucijada de las aves viajeras.

DOÑANA
Encrucijada de las aves en Europa

1. Zampullín cuellinegro / Bielorrusia, 3.300 km
2. Espátula / Mauritania, 2.000 km
3. Pato cuchara / Países Bajos, 2.100 km
4. Aguja colinegra / Países Bajos, 2.100 km
5. Garza imperial / Sierra Leona, 3.100 km
6. Ánsar común / Polonia, 2.500 km
7. Águila pescadora / Escocia, 2.300 km
8. Chorlito dorado americano / Canadá, 5.400 km
9. Chotacabras cuellirrojo / Mali, 2.800 km
10. Abejaruco / Senegal, 2.700 km

7
Águila pescadora
4 Aguja colinegra
1
Zampullín cuellinegro
3
Pato cuchara
5 Garza imperial
7
4
3
6
1
2
10
9
5

Un bando de flamencos.

))) A VISTA DE PÁJARO

Las marismas del Guadalquivir son una inmensa planicie encharcable; el horizonte es la curvatura de la tierra. La única interrupción es una hilera de dunas costeras que cierra la vista hacia el lado que da al mar. Por eso, la mejor visión de conjunto solo es posible desde el aire. A vista de pájaro.

Sobrevolar Doñana es un privilegio. Desde 1974, una vez al mes una avioneta traza en el aire un recorrido irregular sobre las marismas, las matas de monte, las grandes extensiones dedicadas al cultivo del arroz y las balsas de acuicultura, para realizar un censo continuado de las aves. Y a uno de esos vuelos tuve la suerte de ser invitado, años atrás, por el observador de entonces, mi amigo Héctor Garrido, el ojo de halcón de Doñana.

El vuelo de prospección, enloquecido, con giros de vértigo y mareo asegurado, recorre palmo a palmo cualquier rincón donde se pueda esconder un ave. Cruzamos el ancho cauce del Guadalquivir y pasamos sobre las balsas artificiales de Veta La Palma y los arrozales de Isla Mayor, sucedáneos de los humedales naturales pero donde algunas especies de aves acuáticas, las agujas colipintas y los ibis moritos, por ejemplo, se concentran en grandes densidades. Volamos bastante altos, abajo flamean las alas de los flamencos al levantar el vuelo. Rosa y blanco contra un fondo verde. Minutos después sobrevolamos las copas almohadilladas de los pinares de piñoneros de la orla norte, Matas Gordas y el Coto del Rey, donde el pájaro de hierro sorprende a algún águila imperial de carne y hueso. Queda atrás la aldea del Rocío, el bosque palustre de La Rocina y la Madre de las marismas, llena de agua y de bandos de cientos, miles de fochas comunes. Enfilamos hacia el auténtico coto de Doñana, la finca de monte espeso que diera nombre a todo este espacio, y echamos un vistazo a las decrépitas pajareras, los grandes alcornoques que, todavía entonces pero ya no por mucho tiempo, soportan las grandes colonias de garzas blancas y grises, cigüeñas, espátulas y milanos.

Héctor va contando por estima, como quien cuenta a bulto los asistentes a una manifestación. Pero él es más honesto, tiene mejor vista y sus cálculos son precisos. A una altitud media de cien metros, nunca por debajo de cuarenta para reducir las molestias y el riesgo de choque, es capaz de diferenciar hasta cuarenta y dos especies de aves acuáticas: ánsares, casi todos los patos, agujas colinegras, cigüeñuelas y avocetas, pero también garzas, garcetas, espátulas e ibis moritos. Las especies más pequeñas se agrupan en asociaciones: corrrelimos y chorlitejos, algunas especies de charranes, etc. Desde el aire, Doñana no está poblada por individuos, sino por bandadas. A lo largo de la playa de Matalascañas, más de treinta kilómetros de arenal virgen, contamos por decenas a las gaviotas patiamarillas y por cientos a las más abundantes de Audouin, así como a los bandos de fumareles y de limícolas finos que picotean sobre la franja mareal.

Pero la mayoría de los giros y quiebros, las pasadas y revueltas se centran en la inmensa marisma, inundada en gran parte con agua del color pardo de la tierra, salpicada de las manchas verdes más oscuras de los lucios, depresiones someras de varios metros de profundidad. Algunos de ellos portan los nombres mágicos de las marismas: lucio de los Ánsares, del Membrillo, de Mary López, del Caballero, Cerrado Garrido... Son la toponimia de la biodiversidad.

Finalmente, a todo lo largo y ancho de la llanura de agua se observan unas líneas marcadas en el fango sumergido, huellas del paso de los jabalíes, de las manadas de ciervos al trote, las tropas de caballos mesteños y hatos de vacas mostrencas. Caminos de agua que, desde el aire, apuntan hacia todos los horizontes de este lugar único, formado por la mezcla de todos los paisajes.

Una avioneta para censar a mil flamencos.

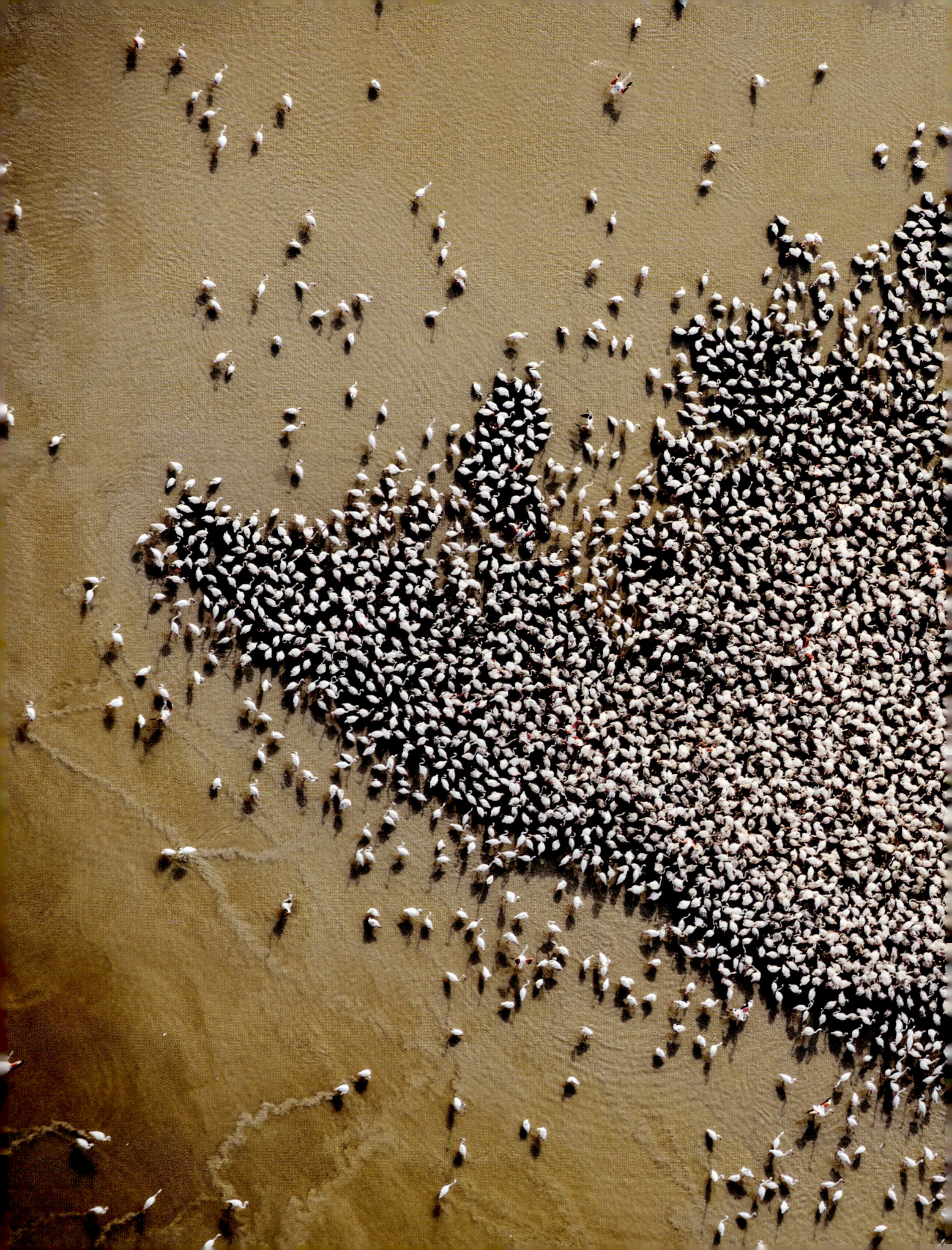

))) CON LOS PIES EN EL BARRO

Aunque le debe el nombre a un coto de matorral y arbolado, Doñana es un enclave fundamental por las marismas, una inmensa llanura de barro que se pierde en el horizonte. Tan solo la silueta deformada de algunos árboles, en general altos eucaliptos, jalonan la lejanía. Cuando llueve, la profundidad media encharcada es de apenas unos palmos; los caballos, los ciervos y las aves zancudas las vadean fácilmente; solo las piaras de jabalíes cruzan de aquí para allá, a la carrera, con el hocico a ras de agua. Hacen falta unos doscientos litros de lluvia por metro cuadrado para que la tierra se empape, primero, y luego se encharque. Un año considerado «bueno» las precipitaciones no bajan de seiscientos litros por metro cuadrado. Por tanto, el aspecto de la marisma varía enormemente, siempre en función de las lluvias y del agua que puedan aportar los ríos. En verano, y cada vez más hasta bien entrado el otoño, son una llanura polvorienta, cuarteada, tapizada con las alfombras rojas de almajos y salicornias. Una lámina de agua en invierno, el espejo de las nubes impulsadas por los vientos del poniente. Una pradera verde, un manto continuo de altas hierbas en primavera.

Al amanecer de uno de esos años buenos, frío y con el tiempo gris, pero ahora en el suelo, con los pies en el barro. Un griterío continuo, sostenido, rellena todo el espacio de las marismas. Y las marismas son muy grandes. Imposible contar, solo medir la intensidad de las voces de miles de gansos, cientos de patos azulones y cucharas, los silbidos de los silbones, los gritos de las cercetas. Por todas partes, desde todas las direcciones de este mundo sin rincones, los gruñidos de los calamones, los relinchos de los zampullines chicos, que indican la presencia de un lucio de aguas someras. La línea del horizonte se diluye. La humedad es tan alta que el agua que encharca el suelo se mezcla con la que empapa la atmósfera. Es como estar dentro de una acuarela recién pintada. Sin referencias visuales, la única orientación posible es el rumor de un mar lejano, que llega desde más allá de una línea de dunas invisibles en esta atmósfera saturada de agua.

Pasan las semanas y van templando los días. Además de las lluvias, el agua llega a las marismas por varios cauces. Uno de ellos es el caño del Guadiamar, un río que al desbordarse se convierte en una extensa

Correlimos comunes.

El origen de la lucha por la protección de la vida silvestre

Mediaba la década de los cincuenta del pasado siglo cuando una seria amenaza pendía sobre los últimos restos de la extensa planicie inundable que rodeaba la desembocadura del Guadalquivir. Repoblaciones masivas de pinos y eucaliptos sustituían a las matas de encinas y alcornoques. Y en las tierras encharcables, el cultivo de inmensas extensiones de arroz desplazaba a las marismas silvestres. Comunidades bien llamadas de «desaguantes» transformaban el terreno de una de las reservas naturales más importantes de Europa. Pero entonces, impulsadas por científicos y terratenientes españoles, una serie de pintorescas expediciones extranjeras vino aquí para darla a conocer al mundo. Estaban integradas por investigadores británicos, estadounidenses y franceses de renombre, junto con algún fotógrafo naturalista, los autores de la más clásica de las guías de identificación de aves —la de Peterson, Mountfort y Hollom—, e incluso un mariscal de campo, el jefe del Estado Mayor Imperial británico durante la guerra, que vino aquí a buscar la paz. De estas expediciones surgió una crónica, *Portrait of a wilderness*, retrato de una tierra salvaje, de Guy Mountfort. Y a su publicación siguió la recogida de fondos entre industriales y aristócratas europeos para adquirir los cotos que rodeaban al viejo coto de Doñana. Con ese dinero se fundó el World Wildlife Fund, WWF, que en España se denominaría ADENA, con su oso panda como emblema. Compraron los terrenos condenados a empobrecerse para siempre, fundaron la Reserva Biológica de Doñana y se la cedieron al Estado español, que, a su vez, creó alrededor el parque nacional. Con la declaración de Doñana se frenó la transformación de la marisma, pero también arrancaron otras muchas actividades en la conservación mundial de la naturaleza. Doñana fue un punto de partida, la reserva natural a partir de la cual comenzaría la regeneración ambiental. La degradación que ha sufrido en las últimas décadas, que sigue sufriendo, es el pago a tan generoso gesto.

lámina de aguas someras, una planicie de fango. El suelo es tan salobre e inestable que, al margen de las orillas, no soporta ninguna cobertura vegetal. En el caño del Guadiamar comienza una horizontalidad que se extiende hasta donde alcanza la vista.

A la hora del crepúsculo no hay un solo palmo de terreno sin su sonido. Fango, charcos y orillas inmensas son el dominio habitual de las aves limícolas: un catálogo de picos en forma de pinzas de todas las formas y longitudes, sobre unos zancos ajustados a la profundidad de las aguas que deben vadear. Desde un parapeto que se cae a pedazos, un destartalado observatorio de madera cerca de la cancela de La Escupidera, escucho los quejidos y silbidos de agachadizas, agujas colinegras, avocetas, cigüeñuelas, correlimos, chorlitejos y andarríos, citados en orden relativo de longitud decreciente del pico.

Pero es precisamente en el fango, dentro del fango, donde la intensidad de la vida y sus sonidos alcanza el máximo. Con la oscuridad se enciende el paisaje

El baile de los flamencos

En el centro de la laguna de Santa Olalla, reducida a charca, se juntan las bandadas de aves rosas con las patas metidas en el cieno pardo. Nada es normal en estas aves. El color, absolutamente atípico, un pico diseñado para funcionar boca abajo, sumergido en el agua, o las patas y cuellos imposibles no son sus únicas excentricidades. Monógamas estrictas a lo largo del periodo de reproducción, cada año deben encontrar pareja nueva. Y la buscan en la masa social. Una ceremonia comunal en la que todos se cortejan entre sí. Decenas de ellos se desplazan en formación cerrada de un lado a otro, levantan el cuello y agitan la cabeza a derecha e izquierda, como si ondearan una bandera. Es el baile de los flamencos.

Los flamencos se reúnen para el cortejo en Doñana. Pero rara vez crían aquí. Las constantes fluctuaciones de los niveles de agua lo impiden. Y cada día son miles los que vuelan decenas de kilómetros desde sus colonias de cría, en el cercano estuario del río Odiel, o la más lejana laguna de Fuentedepiedra, para alimentarse, sestear y celebrar sus reuniones multitudinarias.

sonoro. En cada charco, a veces de no más de dos palmos, croa un anfibio, casi siempre una ranita meridional de voz ronca y potente. Charco a charco, un clamor roto, destemplado, sube de intensidad a medida que la oscuridad avanza. Millones de anfibios gritan en kilómetros de barro y agua.

El Guadiamar entra en las marismas por la orilla de uno de los lucios más importantes, el de Cerrado Garrido. Ahí he pasado bastantes días, oculto en un *hide*, un escondite de lona camuflado en el cañaveral diseñado para hacer fotografías, por lo que solo puedo ver a través de una mirilla. Pero si la vista informa de poco, el oído es inmersivo, lo cuenta todo. Me rodean los cantos sincopados de los carriceros tordales. Por arriba, un buitrón pespuntea el cielo con su reclamo agudo y relinchan los milanos negros. En el agua chapotean los patos con todas las voces rotas, se quejan los flamencos y pitan las fochas. En estos tiempos de declive generalizado, las fochas son las aves más abundantes de las marismas y las lagunas.

Más allá, en el soto de tarayes de la orilla del lucio, rebulle una masa de aves blancas. El griterío es la medida de la biodiversidad. Se trata de una de las nuevas pajareras de Doñana. Las viejas, aquellas legendarias instaladas sobre alcornoques gigantescos que observábamos desde el aire, años atrás, han caído una tras otra, consecuencia de la edad, la sequedad y las enfermedades. Pero la pujanza de este lugar es tan grande que se están creando otras en nuevos enclaves. Ya no sobre alcornoques, sino sobre los más resistentes bosques de tarayes, directamente en las orillas de las lagunas y los lucios. Es todo un espectáculo cómico ver a decenas de ibis moritos, espátulas, garcillas cangrejeras y bueyeras, garcetas, martinetes y demás aves de zancos largos y cuellos retorcidos hacer aspavientos para mantenerse erguidas sobre las ramas flexibles de los árboles.

Pero, como es sabido, las cosas no van bien en Doñana. Lamentablemente, toda esta biofonía tiene truco. De fondo, cuando cesa el viento, se escucha un borboteo, el del pozo de agua que, de manera artificial, rellena este lucio, el único refugio para la vida acuática en una marisma casi siempre seca.

))) TIEMPO DE RESISTENCIA

Todo cambia radicalmente en los años malos, de sequía. Cada vez más frecuentes, más intensas. Y lo que se escucha entonces en el viento reseco es el relato de una crisis.

Avanza el otoño en el Lucio del Membrillo, en plena ronca de los gamos. El agua no llega, pero el calendario es inflexible y los gamos entran en celo y sus ronquidos se pierden en el viento reseco. Unos surtidores de aguas salobres, llamados «ojos de las marismas», se abren en el barro cuarteado. A falta de presión, el agua salada depositada en el subsuelo cuando este lugar era un estuario abierto al mar, seis mil años atrás, borbotea y crea la falsa ilusión de abundancia. Hay una monotonía en la llanura reseca, interrumpida por los hatos de vacas mostrencas que se arrastran de aquí para allá, sus siluetas descompuestas en la reverberación de los espejismos. El horizonte es una raya ondulada. Y desde el centro de la marisma, desde donde deberían llegar los gritos y el bullicio de las aves acuáticas, solo se escucha el corecheo de las perdices, los silbidos de terreras marismeñas y cogujadas, los reclamos, en general, de las aves esteparias. No hay un mensaje más estremecedor que el que traen las aves de los secanos a estas tierras que deberían estar inundadas.

El silencio de los secanos en la marisma.

))) DUNAS, COTOS Y MONTE

Doñana es mucho más que tierras modeladas por el agua de la lluvia y los sedimentos de los ríos. El viento cargado de la arena del mar es el gran constructor. Un cordón de dunas paralelas a la costa conecta a las marismas con el océano. Las montañas de arena avanzan lentamente, en paralelo, y entre la cola de una y el frente de avance de la siguiente se forma una depresión, un «corral», en el que a Doñana le da tiempo a crear un bosque. Pero las montañas de arena avanzan implacables: los pinos piñoneros, los enebros marítimos, tienen los años contados para arraigar, crecer y estirar la copa antes de acabar enterrados. El reloj de arena les concede un tiempo limitado, unas décadas, no más de un siglo, antes de que la siguiente ola los sepulte. Aunque algunos de ellos se resisten, surfean la ola, sus ramas se reconvierten en raíces. La copa asciende y asoma sobre la cresta de arena. La idea de los árboles como seres firmemente anclados al suelo se tambalea en Doñana.

En estos parques forestales se cruzan las aves de las marismas con los animales del monte. Por los bosques de los corrales merodean los cada vez más escasos linces, sobrevuelan las raras águilas imperiales, pastan y sestean los rebaños de ciervos y gamos. Pero arriba, en las crestas, bandadas de ánsares silvestres acuden a pastar. El Cerro de los Ánsares, con su cincuenta metros de altitud, es la elevación más alta de Doñana. Y aquí, en los meses de invierno, cada mañana acuden los ánsares a comer arena. A «enarenarse».

A la claridad fría del amanecer, en una atmósfera gris y brumosa, el paisaje sonoro se transforma. Una a una las hileras de aves, gordas y rechonchas, sobrevuelan la duna, hacen toneles, giran sobre sí mismas y se dejan caer. Más como rebaños que como bandadas, estas aves necesitan ingerir arena, los granos más gruesos, que, como minúsculas muelas de molino, ayuden a triturar las duras fibras de las castañuelas y demás plantas acuáticas de las que se alimentan.

Bosque aclarado de alcornoques y encinas en Matas Gordas.

Un corral, el nacimiento de un pinar entre las dunas.

))) NO TAN PERMANENTES

Un efecto beneficioso de las dunas es su función como reservas hídricas, como acuíferos en altura. Empapadas por las lluvias, las arenas retienen el agua y la van escurriendo poco a poco, durante meses. De esta manera mantienen siempre húmeda la franja que se extiende en la base, la «Vera», un cinturón verde entre la arena y la marisma, y alimentan a las charcas y lagunas que se embalsan en los senos. Esta red de lagunas, permanentes o temporales, eran las auténticas reservas hídricas, los ahorros de Doñana para los malos tiempos. Durante las largas sequías bebían también de una reserva supuestamente inacabable, las aguas subterráneas del acuífero sobre el que se asienta todo el complejo

Agua para Doñana

Es difícil recordar algún momento en el que el Parque Nacional de Doñana no haya estado sometido a algún peligro grave. Sequías, sobreexplotación de acuíferos, epidemias y envenenamientos, riadas tóxicas, caza furtiva, presión turística, carreteras costeras, orillas destruidas por la navegación fluvial… Es impresionante todo lo que estas marismas pueden aguantar, con qué fuerza la naturaleza se resiste y se renueva aquí cada año. Pero toda resistencia tiene un límite, y en Doñana el futuro es sombrío.

Las sequías persistentes, consecuencia del calentamiento global, llevan al límite a todos los ecosistemas húmedos del mundo. Un buen número de aves invernantes, con los ánsares comunes como emblema, renuncian a llegar hasta aquí. El máximo de invernantes se dio en los años ochenta del pasado siglo, con cerca de ochenta mil ejemplares. En el invierno del 2024 apenas rebasan los dos millares. Los ánades azulones han caído desde los máximos históricos, por encima de veinte mil ejemplares, hasta menos de tres mil. Los patos cuchara han caído desde más de cien mil a unos cuatro mil. Solo una tercera parte de las más de veinte mil agujas colinegras que criaban en los pólderes del mar del Norte bajan ahora a invernar aquí.

Aunque el invierno de 2025 ha sido especialmente húmedo, Doñana se seca se seca por la falta de lluvias, y contra eso poco podemos hacer. En una serie histórica que iba de 1974 a 2023, el hidroperiodo, un concepto estadístico que mide el tiempo medio de inundación de toda la marisma a lo largo de un año, ha bajado de sesenta y dos días a menos de trece, tras una sequía de una intensidad singular. Pero Doñana también se seca por la sobreexplotación del acuífero que la sostiene, la gran esponja subterránea que da soporte a todos los ecosistemas húmedos importantes. Sacar más agua de la que se repone solo puede ser un negocio a corto plazo. Pero a la larga las consecuencias son desastrosas para el ecosistema, que depende del agua hasta el punto de hundir sus raíces en ella. Abundan ahora los planes de regeneración, las inversiones gigantescas para devolver a su sitio los caudales que nunca debieron discurrir por el cauce equivocado. El tiempo dirá si todavía estamos a tiempo.

La Saca de las Yeguas

Las manadas de caballos semisalvajes galopan por la planicie sin horizontes y producen un sonido que retumba como un trueno distante.

Al comienzo del verano, los yegüerizos, ganaderos de Almonte, reúnen sus yeguas para conducirlas junto con sus potros al mercado de ganado. Es la Saca de las Yeguas. Estos caballos de raza marismeña, los mesteños, llevan una vida salvaje, pero una vez al año han de recordar que su existencia no es del todo libre. Las yeguas, con sus potros, son conducidas a los corrales, donde pasarán la noche, antes de reemprender la marcha a la mañana siguiente, con las primeras luces.

La tradición es antigua, se remonta a cinco siglos atrás, y recuerda que históricamente la gestión de este espacio natural ha ido de la mano de los usos ganaderos. El origen de estos caballos se encuentra en las marismas. Pero el destino los llevó mucho más allá. Fuertes, robustos, rústicos y adaptados a largos periodos de sequía, desempeñaron un papel importante en la creación de la cabaña ganadera en las colonias americanas. Capaces de soportar la dureza de los viajes oceánicos, fueron elegidos para trabajar en las nuevas tierras. Allí, con la mezcla de otras sangres, los mesteños de las marismas serían los precursores de los «mustang» de las praderas.

marismeño. Pero esos ahorros, lo sabemos, se los están quitando, y en Doñana se vive la paradoja de que lo permanente ha dejado de serlo.

El Sopetón, el Hondón y Santa Olalla, entre otras muchas, son tres de las principales lagunas permanentes que, mal que bien, aún mantienen agua en los periodos críticos, aunque en los últimos años todas han acabado por secarse durante el verano. En cualquier caso, siempre cerca de las dunas de las que se alimentan, las lagunas mantienen los últimos charcos en los momentos extremos del año. Santa Olalla, la mayor de ellas, es el dominio de las bandas de flamencos.

ÁNSAR COMÚN

(((Foto síntesis del parque)))

Grises como el cielo invernal de las marismas, siempre vocingleros, en bandadas cerradas de cientos, miles de ejemplares que rellenaban con sus griteríos estas inmensidades vacías, los ánsares comunes, o gansos silvestres, eran el símbolo de las marismas, la casa de invierno de las aves viajeras de Europa. Y ahora, con la crisis hídrica de Doñana, agravada por las sequías persistentes de los últimos inviernos, los ánsares son un nuevo símbolo: el de los afectados por la degradación de los ecosistemas. La serie histórica de aves invernantes no deja lugar a duda: un descenso en el número de individuos que va de los más de ochenta mil del año 1988 a los pocos centenares de las últimas invernadas. En la memoria colectiva que los guía en su viaje desde el norte de Europa, los gansos aprendieron que no merecía la pena bajar hasta aquí para, después de miles de kilómetros de vuelo a través de montañas, bosques, bahías y estepas, encontrar sus marismas secas. En los últimos años la mayoría de ellos se quedan en los campos de cultivo de Centroeuropa y Francia. Doñana, la gran estación de paso del sur, ha perdido a sus viajeros.

bit.ly/3FwX4Z3

A todos los vientos

SIERRA DE LAS NIEVES

Al pensar en la distribución de la vegetación, solemos acudir a patrones establecidos. Los abetos crecen en el norte, en las montañas más frías. Los olivos, en el sur, en tierras secas y templadas. Y las encinas y los pinos, de unas y otras especies, un poco por todas partes.

Pero en estas serranías, en los frecuentes días de nieblas que cierran la visibilidad, la sorpresa es ver las oscuras formas de los pinsapos, los abetos andaluces, entreveradas en las hileras ordenadas de los olivares.

En sus cumbres se mezclan los vientos húmedos que soplan desde el Atlántico con los de las tormentas y sequías del Mediterráneo.

La Sierra de las Nieves es también una de las últimas etapas de las aves que viajan en verano y otoño al sur, hacia el Estrecho. O de las primeras que se encuentran las que, en primavera, se dirigen hacia el norte.

No es fácil resumir en pocas palabras estas montañas, el lugar donde se cruzan las vegetaciones de un continente, los vientos de dos mares y las rutas de millones de pájaros en su continuo ir y venir.

Último en incorporarse a la red de parques nacionales, el de la Sierra de las Nieves fue declarado en el año 2021. Sus casi treinta mil hectáreas cubren un conjunto de sierras de mediana altura, muy próximas al mar, dentro de la más extensa serranía de Ronda, en el occidente de la provincia de Málaga. La cota máxima, 1.919 metros sobre el mar, es el pico de la Torrecilla. En conjunto, es una complicada formación geológica de paisajes kársticos, de piedra caliza disuelta de mil maneras por el agua, y las rocas rojizas de peridotita. Pero su importancia deriva, sobre todo, de ser el principal refugio del pinsapo, el abeto andaluz, una especie relíctica de las glaciaciones que ha sobrevivido en climas tan distintos a aquellos de los que procede y que encuentra en estas montañas su principal refugio. Como tantos otros parques nacionales, este también accedió a la máxima categoría a partir de la figura autonómica de «parque natural», a la que se superpone parcialmente. Todavía hoy, al redactarse este libro, la señalización predominante en el terreno es la antigua del parque natural, lo que no tiene por qué dar lugar a confusión si se cuenta con un buen mapa. A los visitantes no debería afectarles. A los pinsapos, tampoco.

Abetos y nieve a unos pocos kilómetros de la Costa del Sol. Una rareza natural a la que solo se puede llegar a través del más formidable laberinto orográfico de toda España. Posiblemente, no hay una comarca más quebrada en todo el país que la occidental malagueña. Lo que globalmente se conoce como «las serranías de Ronda», pertenecientes a la compleja orografía del sistema penibético. Desde cualquiera de sus cumbres, la única llanura que se contempla es la del mar. Hacia cualquier dirección que se dirija, la vista se pierde en cadenas de montañas, picos y peñascos aislados, grandes escarpes. Ni un alineamiento que merezca tal nombre, sino las encrucijadas de cumbres y escotaduras que, en perspectiva aérea, se superponen unas a otras, más difuminadas, más azuladas, a medida que se alejan en el horizonte. Y en un rincón de ese campo de montañas hay un grupo de sierras, todas pequeñas, de baja altitud, que se resisten a señalar en ninguna dirección determinada. No es posible trazar una línea preferente, una dorsal dominante, una divisoria de aguas. Las nieves que en invierno se acumulan en las lomas y ventisqueros escurren en todas las direcciones. Son las sierras de los Merinos, Blanquilla, Hidalga y de la Nieve —esta así, en singular—; hay una de Tolox y otra Parda de Tolox; las del Real, del Oreganal, Blanca y Canucha, y una del Pinar, que es como se llamaba por aquí al pinsapar. Y un nombre para englobarlas a todas: la Sierra de las Nieves no es más que un contenedor, una conveniencia para ponerle límites a este laberinto de rocas de distintos tipos, batidas por vientos de diferentes direcciones, bajo la influencia de dos mares. Elevaciones modestas en altura, de aspecto ciclópeo, de roca caliza grisácea, sometida a un modelado kárstico que construye los lapiaces, suelos empedrados rotos por la acción disolvente del agua, donde se abren innumerables dolinas, sumideros, cuevas y simas. Ninguna cumbre muy alta, pero tan cerca del mar que cualquier desnivel ya parece una altura considerable.

Y en los valles encajados, entre los pisos de vegetación del encinar y el olivo y los suelos pelados de la alta montaña, arraiga una auténtica rareza vegetal. Entre bosques de pino laricio, carrasco y rodeno, casi todos ellos favorecidos por sucesivas repoblaciones forestales, destacan las puntas agudas, las formas cónicas de los pinsapos, los abetos andaluces. Reliquias de antiguas edades geológicas, cuando el frío de las glaciaciones llegaba hasta las montañas del norte de África.

Los bosques de pinsapos cubren las laderas de la sierra.

Estos bosques, que en el pasado se extendieron por toda la cuenca mediterránea, están encerrados ahora en estas montañas. Ocupan una extensión total de tres mil hectáreas, el equivalente al área afectada por un solo incendio forestal de tamaño medio, lo que da una idea de la necesidad de extremar la protección. Afortunadamente, los pinsapares no forman una mancha única, sino que están repartidos en unos pocos núcleos por la serranía de Ronda. En la Sierra de las Nieves se encuentra más del setenta por ciento de la población total. Y aunque sean andaluces, aclimatados al sur, los pinsapos, como todos los abetos, necesitan mucha agua y temperaturas no muy cálidas. Las dos cosas se encuentran aquí, pero con dificultades y a gran altitud, por encima siempre de los mil metros. Su orientación preferente es en las laderas de umbría, las más frescas, las que reciben en mayor medida las descargas de agua que vienen del poniente. Las acículas, muy cortas y carnosas, crecen apretadas y en línea helicoidal, con un aspecto característico de cepillo, envuelven todo el tallo y limitan así la circulación del aire y las pérdidas de agua por evapotranspiración. Gracias a ello los pinsapos soportan los veranos largos y secos.

Pero el desorden del terreno se contagia también a los árboles, que a menudo asoman por encima de las crestas y colonizan las laderas más áridas y soleadas, las que miran hacia el Mediterráneo. En las laderas más umbrías se aprecia un aspecto estratificado. Pero en los fondos de los valles, en las quebradas hundidas, los pinsapos trepan por las rocas, las rompen con sus raíces, pierden la figura cónica y se contorsionan.

Un pinsapo, el abeto del sur.

Superviviente de los años y las inclemencias del tiempo.

))) EL BOSQUE VIEJO

La angosta Cañada del Cuerno de la sierra de la Nieve acoge uno de los pinsapares más interesantes, mejor conservados. Aquí coexisten todas las edades, todos los estados de salud de un bosque maduro. Entre masas de pimpollares y brotes jóvenes sobresalen muchos ejemplares ya decrépitos. Podemos ver todas las maneras de envejecer de un árbol. Los más añosos, nacidos hace siglos, en pleno apogeo de la pequeña edad del hielo, cuando el clima era mucho más húmedo y fresco, se resisten a morir y se aferran con todo lo que tienen a la vida en la roca. Supervivientes de tiempos mejores, se retuercen, pierden el perfil clásico de los abetos e imitan las formas y contorsiones más propias de los robles, habituados a estos roquedos de montaña. Algunos de ellos hace mucho que perdieron las guías, ya fuera por acción del viento o del hacha, y las ramas crecen laterales, angulosas, como candelabros. En las copas se arraciman las piñas, que, cuando están maduras, exudan chorros de resina pegajosa, que escurre por las brácteas como la cera fundida escurre por los cirios. A mediodía, con el sol arriba, las copas de los abetos centellean.

A lo largo del camino las rocas partidas y las raíces superficiales forman una escalera continua hacia la cumbre. Las cortezas agrietadas de los troncos se tornan negruzcas, unos árboles se ramifican, otros, ya muertos, se mantienen erguidos, y en la madera desnuda se aprecian los taladros de los pájaros carpinteros y la firma que dejaron con sus surcos los insectos barrenadores. De otros solo quedan los tallos erguidos, caídas las ramas, que empiezan a descomponerse de dentro afuera. Los troncos se ahuecan y forman así pequeños jardines interiores, contenidos por los sólidos muros de los anillos externos. A medida que ascendemos, al llegar a la parte alta del barranco, el bosque se dispersa y los últimos restos de los antiguos pinsapos jalonan el camino, agarrados a las rocas en las que vivieron. Empiezan a aparecer los primeros quejigos; los últimos, mejor dicho, ya que son los postreros supervivientes de una especie antaño abundante pero muy maltratada por el carboneo.

Piñas de pinsapo.

))) EL CORO DEL INVIERNO

Al principio de uno de esos cada vez más frecuentes inviernos suaves, en la atmósfera templada de los pinsapares resuena un anticipo de los paisajes sonoros de la primavera. Al madurar, en otoño, muchas piñas se deshicieron en las ramas; el suelo aparece tapizado de brácteas, las escamas que portan las semillas, y en las copas brotan unos tallos secos, cubiertos por un pequeño tejadillo, el esqueleto de las piñas y sus últimas escamas. Hay comida de sobra para los que se alimentan de frutos secos. Todo el bosque crepita. Desde las copas llegan los crujidos de los pájaros que picotean, chascan, arrancan las piñas en busca de piñones. Para escuchar el relato del bosque, he elegido un día de enero en el barranco por el que discurre el cauce seco del arroyo del Hornillo, entre los puertos de Saucillo y del Cuco, abajo y arriba, respectivamente. Junto a un punto de agua, la pila de la fuente de la Perdiz, seca pero que se alimenta del agua que rezuma la tierra. Durante veinticuatro horas he colocado un grabador automático, un aparato discreto que escucha minuto a minuto todo lo que las aves del bosque tengan que decir. Y el resultado es una secuencia sonora que empieza en el silencio absoluto de la medianoche, cuando solo el rumor lejano del tráfico —el ruido en todas partes— se escucha al fondo. Ocasionalmente, algún zorro emite sus ladridos lastimeros, ahora que para ellos comienza la época de celo, y un cárabo lanza una estrofa de ululatos. Y nada más, salvo el siseo agudo que el viento del valle arranca de las recias agujas de los pinsapos. Hasta que, al amanecer, con las luces previas del alba, el bosque se llena de ruidillos. Es el coro del alba, la secuencia sonora en la que

Halcón peregrino.

las aves forestales, de una en una y según un orden que parece previamente establecido, se incorporan con sus voces al concierto. El coro del alba se ha estudiado mucho en los amaneceres de primavera, no tanto en los invernales. Ahora, como corresponde al periodo de actividad biológica, los pájaros no cantan, solo reclaman. La biofonía, por tanto, es muy simple. El espacio entre los troncos se llena de silbidos sutiles, sonidos regañantes, pequeños alfilerazos sonoros y crepitares que destacan con toda nitidez contra el silencio de la hora. Lo primero que se escucha, como sucede en casi todos los bosques, es el chisporroteo del petirrojo, un ruidito como si alguien estuviera haciendo entrechocar un par de guijarros. Le sigue el crepitar de un chochín, que se calla su acostumbrada parrafada primaveral. Vuelve el silencio por unos minutos, hasta que lo rompe un cacareo inesperado. Encaramado en lo alto de un risco, muy pronto aún para que se lance al primer vuelo, reclama un halcón peregrino. Durante el día no parará de llamar, pero en ningún momento inquietará a las aves del bosque, ya que todas ellas saben que cuando el halcón está de caza, no emite ningún sonido.

Sube la luz pero el sol aún no asoma por las cumbres. Pronto aparecen, van y vienen, bandadas de pájaros que rebuscan en común las piñas medio abiertas de los pinsapos. Sisean, muy agudos, tanto que habrá quien no los perciba, los reyezuelos listados y sencillos, un sonido que recuerda al afilado de una hoja de metal. En la misma tesitura, pero más como notas en series apresuradas, seguidas, silban los agateadores comunes, tan a gusto rebuscando insectos bajo las cortezas resecas como incómodos pringándose en la resina de las piñas. Nubecillas

Los pozos de nieve, una arqueología del mal tiempo

Esparcidos por las sierras, en las lomas ventisqueadas o en las cabeceras de los valles, persisten los restos de la antigua actividad de los neveros. Muros bajos de piedra, circulares, más o menos adaptados al terreno, encajados en alguna depresión, una oquedad, donde se acumulaba la nieve en el invierno. Prensada y transformada en hielo, esta se bajaba a los valles para usos medicinales, de conservación de los alimentos. O como artículo de lujo, para enfriar las bebidas de la gente pudiente. El proceso, que dependía de un mal tiempo previsible, cuando la nieve se mantenía persistentemente desde el otoño hasta bien entrada la primavera, comenzaba con el trabajo de los neveros, que acarreaban la nieve en serones o, directamente, a la espalda. En los pozos la nieve se apisonaba y cubría con esteras de ramas de piornos o, incluso, de pinsapos. Una vez lleno con toneladas de nieve prensada, se cubría con un techo de ramas y tierra. En primavera y verano el depósito se destapaba y la nieve apisonada, transformada en hielo, se partía en bloques para su traslado nocturno, a lomos de caballerías, hasta los pueblos de los valles. Podemos imaginar la escena a la luz de la luna, las voces de los arrieros, el ruido de las herraduras al tropezar en los senderos de piedra y raíces, el rastro del agua fundida, los chicos de los pueblos con una jarra para recoger entre las patas de las mulas el agua fría que escurre de los serones...

de silbidos igual de agudos y carraspeos delatan el paso de los banditos de mitos, unas pandillas que deambulan por el bosque de aquí para allá. Hacia las nueve de la mañana otros silbidos y siseos empiezan a tomar forma y se convierten en el canto rítmico, sincopado, de los carboneros garrapinos, a quienes tanto les da una piña de pino que otra de pinsapo. A medida que se incorporan nuevas aves, se agotan los adjetivos. Reclaman con voces muy agudas los pesados picogordos, que vienen de romper los huesos de las aceitunas que por estas mismas fechas se están recogiendo en las laderas más bajas, en el dominio del olivar. Y entre los pocos que se animan a cantar, las frases cortas, repetitivas, de los piquituertos, tan hábiles para encontrar la comida de las piñas que se pueden permitir el lujo de empezar a marcar territorio, los preámbulos del celo, cuando los demás no pueden ni pensar en ello. Con las dos puntas del pico entrecruzadas, como sometidas a un crecimiento desmesurado, los piquituertos son el mejor cascanueces inventado por la evolución.

Del fondo del barranco emerge periódicamente el relincho del pito ibérico, y los gritos de los picos picapinos. A mediodía la cháchara de la comunidad del bosque alcanza su punto álgido, cuando los rayos de sol inciden con tibia fortaleza. Pero la tarde, misterios de la escolanía forestal, es solo para los páridos, carboneros comunes, herrerillos, garrapinos y el carraspeo inconfundible de los herrerillos capuchinos. A lo lejos se escucha entonces la poderosa canción del zorzal charlo, que se debe de estar cebando en las olivas caídas por el suelo y olvidadas tras la recolección. Y el halcón, que sigue con las llamadas de amenaza que no asustan a nadie.

Hacia las seis de la tarde las sombras se hacen más oscuras, los pinsapos pierden las formas y el último que calla, en el coro del atardecer, es el tenaz petirrojo. Con la noche vuelve la calma, y ni siquiera un zorro en celo, o un cárabo pasajero, romperán el silencio del soplo del viento en las recias acículas de los pinsapos.

QUEJIGOS CENTENARIOS DE LA MESETA DE QUEJIGALES

Foto síntesis del parque

Unos quejigos centenarios forman una dehesa, muy por encima del límite superior del bosque, a 1.700 metros de altitud, en el puerto de los Pilones, donde se cruzan todos los vientos. Frente a ellos, hacia el este, se levanta la mole de la Torrecilla y se vislumbra el mar Mediterráneo. Hacia el oeste se extiende el laberinto orográfico de la serranía de Ronda y el Atlántico. Viejos, retorcidos, han sobrevivido a cientos de inviernos, vientos desatados, podas para el carboneo, el fuego y el diente de las cabras —las domésticas y las montesas—. A su alrededor sobrevive un cortejo de pinsapos aislados, arces, espinos y hasta algún tejo. Medio robles, medio encinas, los quejigos cambian las hojas caídas de sus ramas por el hielo de la cencella, el rocío helado del invierno. Son la imagen de la resistencia, unos árboles al límite, que nacieron con otro clima, en tiempos más fríos, cuando los inviernos eran más largos y los veranos no tan tórridos. Aguantan sus últimos años fabricando en sus ramas la nieve y el hielo que la atmósfera se resiste a esparcir con generosidad sobre el terreno.

bit.ly/3RdkXaJ

(((La voz de la geología)))

TIMANFAYA

El pasado geológico es el presente en Timanfaya. Decía Charles Darwin que el estudio de las rocas muestra ese pasado geológico de la misma manera en que lo hacen los restos calcinados de una vivienda tras el incendio. En Timanfaya el fuego fue colosal y el relato de la catástrofe está escrito en el suelo. La historia se puede reconstruir a partir del alineamiento de los cráteres, de los canales lávicos hundidos bajo un fino techo quebradizo; vaguadas cubiertas de *lapilli* y cenizas volcánicas, pináculos retorcidos que denotan su origen, forjados por el fuego. Y los intransitables malpaíses, extensiones de lavas solidificadas que por su textura cuentan su origen y la temperatura a la que fluyeron al aire libre, nada más salir de su viaje desde el centro de la Tierra.

Más que un territorio estéril de malpaíses intransitables, extensiones tapizadas de ceniza y picón, numerosos edificios volcánicos en derrumbe y un caos de deltas lávicos en la costa, las 5.107 hectáreas de Timanfaya constituyen un territorio recién nacido. El parque nacional fue declarado en 1974, pero las nuevas tierras emergieron a lo largo de un prolongado periodo eruptivo, entre 1730 y 1736, que sepultó, según las crónicas, los campos más fértiles y amplió la superficie de la isla a costa del mar. Algunas montañas anteriores —Pedro Perico, Montaña Hernández y Termesana— despuntan sobre el terreno, como náufragos entre las olas. Planicies de piroclastos, campos de lavas basálticas y montañas hacen que el parque sea prácticamente intransitable, más allá de algunos senderos y una carretera muy integrada que da vueltas en torno a la Montaña de Fuego y cuyo trazado fue diseñado por el artista lanzaroteño César Manrique.

Estas rocas, frías y ya inertes, contienen información suficiente para verlas tal y como fueron en su origen, encendidas por el fuego. Con un poco de imaginación se pueden reconstruir los acontecimientos, la dinámica ígnea que las forjó. En un mapa, una imagen aérea, se observa muy bien el plan de la erupción. Una línea de conos volcánicos que va, más o menos, en dirección oeste sudoeste-este nordeste, OSO-ENE, con una concentración mayor en torno a la montaña de Timanfaya; una línea de bocas que se abrió sobre una fisura tectónica previa y por la que escaparon los materiales eruptivos. Los vientos alisios dominantes, de componente nordeste, impulsaron las cenizas y *lapilli* hacia el oeste, a la costa, tapizando el inmenso mar de lava cuando todavía estaba caliente. Pero ni toda la información geológica ni la comprensión de la geodinámica son suficientes para tener una idea de la magnitud colosal del fenómeno. Es preciso haber escuchado el ruido formidable de un volcán, la magnitud sin límites de las detonaciones, para tener una idea aproximada de lo que sucedió aquí. Ondas de choque que avanzan a la velocidad del sonido; una respiración profunda en los cráteres, un fuelle gigantesco que impulsa las columnas de piroclastos; los retumbos de los truenos volcánicos; el siseo de las cenizas al caer. Y por todas partes, pero sobre todo por el suelo, las vibraciones del tremor volcánico, el pulso de la temperatura y de la lava a presión que hierve en la cámara magmática.

Cordones de lavas de tipo pahoehoe.

))) UNA MIRADA DESDE EL PASADO

La mejor forma de comprender un volcán apagado es compararlo con otro encendido. Las fotografías nos muestran el paralelismo entre las erupciones de Timanfaya y la más reciente del Tajogaite, acaecida en la vecina isla de La Palma.

Si miramos las formaciones presentes, podemos imaginar cómo fueron en el pasado.

En Timanfaya, Lanzarote

Sobre la montaña, la arista recortada del cráter deja ver el interior de un edificio en demolición. Capas de sedimentos de diferentes colores, cada una en función de la temperatura de los gases en el momento de la emisión: amarillos, anaranjados, rojizos o violáceos. Son la huella cromática del volcán.

Una ladera inclinada, tapizada de cenizas y salpicada de grandes rocas que han detenido su carrera hacia abajo.

Una fisura en la ladera, una grieta taponada por cenizas y bloques de roca, la antigua boca por la que manó un surtidor colosal de piedra líquida.

Una cascada de lava, un caos mineral detenido en un escalón del terreno.

En el Tajogaite, La Palma

Piedra a piedra, gota a gota de magma, un poderoso chorro de fuego construye una montaña, perfila los bordes de un cráter que, ya desde sus comienzos, empieza a desmoronarse.

Un perfil rojizo por el que caen unas masas reblandecidas que asoman por el borde del cráter, demasiado pesadas para ser lanzadas al aire. Rocas de acreción que ruedan como bolas de nieve ígneas, acumulando materiales, deformándose con un sonido sordo en cada voltereta.

Una fisura similar abierta en la base del cono, que no ha aguantado la presión de la cámara magmática. Una nueva brecha secundaria por la que borbotea una lava tan caliente que en la oscuridad de la noche pasa del rojo al amarillo.

En una discontinuidad del terreno la lava se precipita por una cascada. Y por encima de ella, cayendo al vacío como un tronco río abajo, un gran bloque flota antes de detenerse en algún remolino de la corriente. Pocas cosas desafían más a la razón que una roca del tamaño de una casa flotando a la deriva.

En Timanfaya, Lanzarote.

En el Tajogaite, La Palma.

En Timanfaya, Lanzarote.

En el Tajogaite, La Palma.

Los malpaíses actuales, extensas coladas de negruzcas lavas basálticas, de formas irregulares, fueron en su origen ríos de roca pastosa, fundida a mil grados. Según la temperatura y los gases que contuvieran en origen, estas lavas solidificaron formando arrugas, como losas con cordones —lavas de tipo *pahoehoe*—, o como amontonamientos caóticos de escorias, de piedras esponjosas, rotas, sin ningún orden —lavas *aa*.

Un fluido rojo, negro en la superficie, que se enfría al contacto con el aire y al cristalizar emite un sonido quebradizo, como ladrillos y material cerámico al romperse.

Un amontonamiento desordenado de rocas irregulares que avanzaba hacia el llano y se detuvo, creando un frente, un muro de rocas irregulares, con huecos formados al explotar burbujas de gases incandescentes.

Un frente lateral de la colada de lava se ha detenido. Las escorias más calientes de la superficie se arrastran sobre una base ya solidificada. Los huecos son como hornos, los atanores donde se forjan la obsidiana y demás materiales volcánicos.

El viento marca ondulaciones en la superficie de cenizas y rofe, que es como se denomina en Lanzarote a los *lapilli* y piroclastos de menor tamaño. Millones de toneladas cayeron del cielo y tapizan hoy una buena parte de la extensión del parque.

Cae una lluvia negra de cenizas y *lapilli*, minúsculas piezas de roca, con aristas afiladas que recuerdan más a los copos de nieve que a las gotas de lluvia. Al caer al suelo, estos piroclastos borran los perfiles, crean una capa ondulada que en todo recuerda a una nevada en negativo.

Una montaña cónica, en fin, de laderas suaves, tapizadas por *lapilli* y cenizas de todos los colores, truncada en la cima por un cráter con las crestas derrumbadas, con una fisura taponada en la base por la que manaba la fuente de piedra líquida, de la que nacía el río de lava que se enterraba en un túnel lávico y se enfriaba, formando el desorden de cordones y rocas rotas.

Una montaña roja, como de cristal, que escupe los millones de toneladas de piroclastos, de gases de azufre, y que recibe en sus laderas la nevada negra sobre la que ruedan las rocas de acreción.

Y por encima y por debajo de todo, el colosal estruendo del volcán. Una secuencia de imágenes dantescas que podemos reconstruir, por comparación, con los recuerdos recientes del volcán hermano, más pequeño, de vida más corta, que desde la isla de La Palma nos mostró cómo es la naturaleza cuando se decide a crear un nuevo fragmento del mundo.

))) A TODOS LOS VIENTOS

Timanfaya es el dominio del viento. Los estampidos cesaron hace mucho y ya solo quedan los ecos, impresos en el modo en que el viento resuena contra las rocas, quizá porque en ningún otro lugar estas ofrecen una variedad de formas semejantes: aristas que arrancan silbidos lúgubres; bordes irregulares que producen vibraciones sordas; tubos estrechos en los que se encauza el aire con un bufido; cráteres en los que reina la calma y el silencio.

Más allá del viento, los sonidos más conocidos de Timanfaya son otros. Los gemidos de los dromedarios en su echadero; el soplo a presión del agua vaporizada al contacto con el suelo ardiente, que se vierte frente a los turistas en el Islote de Hilario, y el crepitar de los haces de aulagas secas que entran en combustión en la tierra, en el mismo lugar, ante los mismos turistas. Pero ninguno de ellos forma parte del paisaje sonoro, que aquí es bastante discreto. Graznan los cuervos por toda la extensión del parque, pero sobre todo junto a los dromedarios y sus bostas con semillas de cebada sin digerir. Trinan su doble nota los bisbitas camineros, que en este malpaís se las ven y se las desean para encontrar un camino. Por los campos de piedras con algo de vegetación deambulan los bandos de los gordos camachuelos trompeteros, con su inconfundible reclamo, como de muñequitos de juguete. A menudo, al caer la tarde y lejos del mar, bandos de gaviotas patiamarillas forman sus estrépitos sobre la llanura de Termesana. Y poca cosa más. Las hubaras, las avutardas canarias que vuelan un poco por todas partes, son silenciosas.

Líquenes

Timanfaya es un mundo mineral, aparentemente estéril. Pero no del todo. Nada más enfriarse la tierra, los líquenes empezaron a colonizar los campos de lava. En la actualidad se calcula que hasta doscientas especies viven en las rocas, con todo tipo de estrategias y preferencias para captar la escasa humedad del rocío, para resistir el veneno de las emanaciones sulfurosas o para buscar refugio contra el viento al socaire de las lavas. Los líquenes aportan la segunda capa de color a las rocas, con tonalidades blancuzcas, amarillas y verdosas. El cromatismo de los líquenes es el primer indicio de la recolonización vegetal de Timanfaya.

Pero Timanfaya tiene costa. Y el mar siempre trae algún relato. Desde la punta del Jurado, cerca del Golfo, hasta la playa de la Madera la costa se abre y cierra en ensenadas, acantilados y derrumbes. A lo largo de la primavera y el verano, al caer la tarde empiezan a verse grupos dispersos de pardelas cenicientas atlánticas sobrevolando las olas, en vuelo errático, trajinando de las redes de un pesquero a otro. A ratos, estas aves, que aprovechan las corrientes de aire que rasan las olas para volar sin esfuerzo, buscan zonas de encalmada y se posan en el agua, por cientos, y forman lo que por aquí se denomina «balsas». Hacen tiempo para volar a la costa al anochecer, hacia las madrigueras de los acantilados y derrumbes donde las esperan sus pollos. Cuando llega la oscuridad, entran y salen de los focos de luz de los barcos que faenan con las redes, blancas por la panza como fantasmas, y vuelan como flechas sobre la línea de costa. Es estremecedor esperar en un acantilado de escorias negras y escuchar sobre nuestras cabezas los llantos, gruñidos y lamentos de estas aves que llegan en la noche desde la oscuridad del mar.

Higueras hidropónicas

Tras cinco años de erupciones, no todo desapareció bajo la lava y las cenizas. Al menos se mantuvieron los derechos de propiedad de la tierra, aunque casi nadie supiera qué hacer con ellos. La mayoría de los nuevos terrenos cambiaron de manos, naturalmente, pero hubo quien volvió para plantar algunas palmeras y, sobre todo, higueras rodeadas de cercos de piedra, los llamados «zocos». Pequeñas fortalezas, con contrafuertes, bien protegidas del viento. El rofe tiene una gran capacidad de retención de agua; entre sus muros, como cultivos hidropónicos, las higueras prosperan, producen frutos, salpican de verde el paisaje desolado y sirven de soporte a los cantos de algunas de las pocas aves que se atreven a vivir aquí. Si en la cercana comarca de la Geria las vides crecen en el fondo de hoyos excavados en el picón, las higueras de Timanfaya se parapetan tras una muralla. Los enemigos exteriores son los mismos: la sequedad y el viento.

El escritor ciego que escuchaba los paisajes

En el año 2005 participaba en el programa *Hoy por Hoy* de la Cadena SER, dirigido por Iñaki Gabilondo, desde el auditorio de los Jameos del Agua, en Lanzarote. Un espectacular escenario construido donde el tubo volcánico que baja del volcán de La Corona penetra en el mar y pasa a denominarse Túnel de la Atlántida. Asistía como invitado especial el escritor José Saramago, premio Nobel de Literatura, residente en la isla. Durante el programa habíamos reproducido algunas grabaciones de los paisajes sonoros de Timanfaya: las voces de los escasos pájaros del parque, la discusión de gruñidos y graznidos entre un dromedario y un cuervo por unos granos de cebada, los lamentos de las pardelas cenicientas en la costa del Golfo y alguna cosa más. Al despedir el programa, me acerqué a Saramago para saludarle y él, que padecía serios problemas de visión, me cogió por el hombro para susurrarme al oído una frase que nunca olvidaré: «Hasta el día de hoy yo había estado sordo». Con su autoridad, el gran escritor afirmaba así que un paisaje no se conoce si no se escucha su banda sonora. Los silencios de Timanfaya son el relato del volcán dirigido a quien quiera pararse a escuchar.

))) FINAL

Muy de vez en cuando viene una primavera excepcional. Llueve con fuerza sobre la isla de Lanzarote. Los campos regados responden y cambian de color. El verde se impone por unos días al resto de los colores de los terrenos volcánicos más antiguos, aquellos en los que ha habido tiempo para crear algo de materia orgánica, algo de suelo vegetal en el suelo mineral. La ladera de picón rojizo del Echadero de los Camellos está cubierta de una suave capa de plantas rastreras verdosas. Pero en el interior del parque todavía está demasiado reciente la erupción y, por mucha agua que absorba, el suelo tiene poco que ofrecer.

COLORES DEL VOLCÁN

(((**Foto síntesis del parque**)))

En Timanfaya el arcoíris no está en el cielo, sino esparcido por el suelo. Y, como todo aquí, en el más absoluto desorden. Rojo del azufre líquido que emanó a más de 190 °C. Anaranjado de las manchas de flúor que salieron a más de 180 °C. Amarillo del azufre nativo expulsado por las fumarolas en los cráteres, lejos del principal foco de calor y, por tanto, a temperaturas relativamente frías, en torno a los 100 °C. Verde de algunos líquenes, los pioneros de la colonización vegetal de la roca, y el de las euforbias, taginastes, vinagreras, palmeras y demás plantas supervivientes. Y el color violáceo de algunas gravas. El azul y el añil no le deben nada al volcán, pero están por todas partes: no hay más que mirar a un cielo casi siempre desprovisto de nubes. Para enmarcar la paleta, el negro y gris oscuro de las lavas y cenizas basálticas. Y el blanco de las costras de sulfatos y carbonatos nacidos a baja temperatura —para el volcán—, inferior a 100 °C.

bit.ly/3XTJpl6

(((**Aguas abajo**)))

CALDERA DE TABURIENTE

Otoño de 2021. Un volcán encendido se comunica con otros apagados desde hace mucho tiempo. En la cumbre del Roque de los Muchachos, la cota más alta de las que bordean la Caldera de Taburiente, se escuchan los estampidos y el rugido continuo del volcán activo de Tajogaite. Hacia el sur de la isla, en dirección a Cumbre Vieja, el cielo está cerrado por un estrato negro de humo y ceniza, pero el sonido llega con nitidez. Los estampidos y exhalaciones penetran en la caldera, rellenan los abismos como los gases rellenan todo el espacio disponible, retumban en las laderas y vuelven a salir al exterior convertidos en eco. Las rocas de antiguas erupciones recuperan así su voz geológica.

Tras la erupción del Tajogaite, no es posible mirar a los volcanes de La Palma de la misma manera.

La declaración del Parque Nacional de la Caldera de Taburiente se produjo en 1954. Como en el Teide, los límites vienen marcados por la línea semicircular de cumbres. El espacio protegido es todo el vacío encerrado en el interior. La superficie total en el plano es de 4.690 hectáreas; pero en este lugar esto es decir muy poco, ya que la práctica totalidad de ese «plano» está formado por barrancos, riscos, pendientes cercanas a la vertical, montañas inaccesibles. Los derrumbes son frecuentes, y caminar por sus pedreras requiere cierta audacia. Un espeso bosque de pinos canarios arraiga allá donde puede, en las laderas más suaves o en las repisas más aisladas. El agua suena por todas partes, lo que no es frecuente en las Canarias. Hay más de setenta manantiales: los cauces, casi todos estacionales, se precipitan por pequeñas cascadas o corren por lechos de grava. Y durante todo el año fluye encerrada por las galerías, una red de acequias cubiertas y tuberías que perforan la roca, en trayectoria ligeramente ascendente, hasta pinchar las abundantes bolsas de aguas subterráneas.

Vista desde arriba, por las crestas de las cumbres, hay días en los que la caldera parece un paisaje oriental, una pintura a la acuarela sobre una hoja en blanco. De la llanura algodonosa del mar de nubes emergen algunos pináculos aislados, de roca retorcida y coronados por pinos en posiciones inverosímiles. Como el oleaje de este mar blanco, los bordes de las nubes lamen las orillas, van y vienen sobre los miradores que se asoman a la nada. Pero cuando el telón se retira, aparece un inmenso agujero, un circo cerrado, cónico, de ocho kilómetros de diámetro y hasta dos de profundidad. Por todo el perímetro se extiende una afilada línea de crestas sobre la que destaca la cumbre más alta de la isla, el Roque de los Muchachos, de 2.426 metros de altitud. Una carretera serpentea por buena parte de la cresta cimera, después de un ascenso vertiginoso por un trazado de mil curvas. Toda esta alta ruta es un auténtico mirador lineal, abierto a dos abismos, uno hacia el mar, el otro hacia las profundidades de la tierra. Todo aquí arriba es grandioso, pero ligeramente inquietante; tanto, que hasta los estrechamientos que acercan la carretera al borde de los abismos reciben el nombre de «degolladas». Al sudeste se abre el barranco de las Angustias, acertada denominación para este desagüe por el que, además de las aguas de los ríos, han vertido al mar los miles de millones de toneladas de roca volcánica que faltan en el gran agujero.

Y es que, pese al nombre, la «caldera» volcánica más famosa del mundo no es, en sentido estricto, una caldera, un cráter descubierto por el desplome del techo sobre una cámara magmática. Pero la historia de su creación es fascinante. Abarca unos tres millones de años, desde que el llamado «edificio basal», el volcán original, emergiera del mar y formara la isla. Aquellos serían los cimientos sobre los que el vulcanismo siguió construyendo. Nacieron nuevos volcanes, montañas de hasta tres mil metros de altitud apoyadas unas en otras. El peso llegó a ser tan grande que hizo ceder a toda la estructura, que basculó hacia el sudeste y precipitó el deslizamiento de montañas enteras hacia el mar.

Un pino solitario sobre un roque.

El paso de esa serie de ciclópeas avalanchas fue por la zona del actual barranco de las Angustias. Ignoro si la geología, tan precisa para designar cualquier proceso orogénico, tiene un término para este tipo de «desagüe» mineral. El vaciado dejó al descubierto la compleja estructura geológica, el relato de los sucesivos episodios de creación y destrucción; la caldera es, por tanto, un libro abierto de la historia geológica. Pero si en el interior de la caldera aún se puede estudiar la antigüedad de las rocas por su posición de abajo hacia arriba, las paredes formadas por estratos del barranco son muchas veces un caos. En algunos lugares la superposición de rocas y sedimentos no responde a otra lógica que la del azar. Mezclados unos con otros, los materiales más antiguos entre los más modernos, no respetan las reglas de la medida del tiempo geológico, basadas en el principio de que lo nuevo descansa sobre lo viejo. En medio del caos, incluso se encuentran restos del antiguo edificio basal, bolos de lavas almohadilladas, como amontonamientos de sacos de arena solidificados, de origen submarino.

En la novela *Horizontes perdidos,* el escritor James Hilton describe el valle cerrado de Shangri-La, un lugar de paisajes maravillosos donde el tiempo se suspende en una atmósfera de paz y tranquilidad. En el valle cerrado de la Caldera de Taburiente el paisaje, sin duda, es maravilloso, pero la sensación de paz no esconde la inestabilidad del terreno, a punto de desplomarse por cualquier lado, en cualquier momento. En este Shangri-La los horizontes, definitivamente, están confundidos.

))) EL PINAR CANARIO

Hay lugares en los que el suelo envejece más deprisa que los árboles a los que da soporte. En un barranco lateral por el que pasa la pista que baja hacia el fondo del de las Angustias, un escarpe de terreno se está desmoronando. Arriba, en la loma, un pino canario se mantiene en pie a duras penas. Es todo un monumento natural a la resistencia. El suelo ha desaparecido, la base del tronco está al aire, anclada a la ladera por una madeja de raíces laterales y apoyada sobre otro haz de fibras, la raíz apical, que sirve de poste. Hacia abajo, una raíz se alarga y serpentea sobre la superficie vertical. Se agarra como puede a un suelo que se descompone. De vez en cuando se vuelve a hundir, perfora la tierra y resurge un poco más abajo, más delgada a medida que se aleja de su origen. Al final, a quince metros de la base del tronco, la raíz exploradora es apenas un hilo que palpa el terreno en busca desesperada de agua. La tenacidad de este árbol, su capacidad para arraigar y sobrevivir en un suelo que desaparece entre sus raíces, explica muy bien por qué el pino canario es el colonizador de terrenos imposibles.

Los pinos canarios resisten todas las adversidades. Arraigan sobre la roca, las raíces se abrazan a cualquier sustrato y dan estabilidad donde no la hay. Más que colonizar, conquistan al asalto los suelos desmenuzados y las rocas estériles. La gruesa corteza del tronco protege al árbol de los frecuentes incendios, igual que la corteza de cor-

Nuevos brotes crecen sobre la corteza de los pinos canarios.

Agarrado a la roca, el pino canario es capaz de conquistar cualquier sustrato.

cho protege a los alcornoques. Raro es el pino que no sufre un incendio alguna vez en su vida; con el fuego perderá el follaje, la corteza se mantendrá ennegrecida durante años, pero el árbol seguirá vivo y vigoroso, capaz de regenerarse a partir de yemas durmientes protegidas. Ningún otro pino es capaz de revitalizarse así. Es más, la frecuencia de los incendios en La Palma es tan alta que solo la capacidad de estos árboles de soportar el fuego y revivir inmediatamente explica que esta isla no sea un erial. Más infrecuente es que deban soportar el soplo ardiente de los volcanes.

Los pinos ocupan todos los pisos forestales de las islas, desde unos pocos cientos de metros sobre el nivel del mar hasta competir con los matorrales de codeso de las cumbres. En este sentido, el pino canario desempeña el papel ecológico que en otras latitudes se reparten varias especies —pinos carrascos, rodenos, laricios, silvestres y negros, por ejemplo—. Y a diferencia de todos esos, que tienen tendencia a retorcerse y achaparrarse, ni los vientos de las cumbres modifican su porte erguido.

Por si faltaba poco, las largas acículas del pino canario son muy eficaces para captar las gotas microscópicas de la niebla y autoabastecerse de agua. Con todas estas adaptaciones, no es de extrañar que el pino canario colonice hasta lo imposible. Y por eso es la especie dominante en las laderas interiores de la Caldera de Taburiente.

Cascada de niebla en las cumbres.

))) EL PINO Y LAS NIEBLAS

Un mar de nubes cubre buena parte del año las islas, a una altura entre 500 y 1.500 metros. Viene impulsado por los vientos alisios, es como un sudario que no toca la tierra, salvo en las zonas de contacto, los rasos de bruma por los que se cuela de un valle a otro. En la Hilera de Cumbre Nueva, que conecta con la caldera por el Punta de los Roques, sobre el mirador de la Cumbrecita, la masa de nubes roza la cresta cimera, se derrama y cae como una cascada de niebla que se deshace cientos de metros más abajo. Y es en zonas así, en escalones del terreno situados a la altitud adecuada, donde las copas de los pinos se aprestan a captar la humedad disuelta en la nada.

La eficiencia de estos árboles captanieblas es enorme. Si en la caldera las precipitaciones anuales de lluvia vertical oscilan entre los 900 y los 1.600 milímetros por metro cuadrado, la copa de un árbol puede duplicar y, en emplazamientos favorables, hasta triplicar ese volumen. Otra cosa es dónde vayan a parar esas aguas, a qué raíces van a dar de beber.

Mar de nubes en la Caldera de Taburiente.

Los estudios de los flujos de niebla sobre las hojas de los árboles son similares a los de los ingenieros que analizan los flujos de aire sobre las alas de los aviones. El viento húmedo que se desliza sobre una superficie plana produce una turbulencia que aleja a las microgotas de la superficie de contacto. Solo los filos de las hojas son eficaces para ordenar el flujo y captar el agua. Y las acículas de los pinos son todo filo. Por esa razón, el pinar es mucho más eficiente que el monteverde, las laurisilvas siempre húmedas y envueltas en nieblas. El aire roza las agujas sin crear remolinos. Las copas de los árboles están permanentemente empapadas, en la punta de cada acícula pende una gota a punto de escurrir y añadir a su caudal al de otras muchas. La suma de todas escurre por las ramas hasta la base del tronco; el agua recolectada se acumula donde más falta hace. La eficiencia del sistema es tan extraordinaria que incluso se han realizado experimentos con captanieblas artificiales que copian el perfil de las acículas.

El siseo agudo del viento en las copas de los pinos es el sonido de una de las estructuras más eficientes para sobrevivir en un mundo inhóspito.

Starlight, a la luz de las estrellas

De niño les preguntaba a las estrellas qué habían visto esa noche al otro lado del mundo.

William Ospina, sobre Alexander von Humboldt.

Repartidas por toda la isla, unas señales en forma de flecha apuntando hacia el cielo indican que a 4.077.487.635.167.800 kilómetros de La Palma, esto es, unos 431 años luz, se encuentra Polaris, la estrella del norte. Todo esto cae muy lejos de la caldera, pero sus cumbres y miradores son lugares excelentes para practicar una de las aficiones más antiguas de la humanidad: mirar al cielo nocturno. Aquí hay más de trescientas noches despejadas al año y la atmósfera es muy limpia, sobre todo cuando el mar de nubes hace de pantalla contra la iluminación de las ciudades. Ya sea en la helada nocturna invernal, bajo los planetas de la eclíptica y el Cinturón de Orión y las Pléyades, o bajo Casiopea, Andrómeda y la lluvia veraniega de meteoritos de las Perseidas, las estrellas brillan más. Desde tan arriba la bóveda nocturna es tan perfecta que la Vía Láctea parece un puente que emerge y se hunde en el mar. En estas condiciones, el principal obstáculo para ver las estrellas suele ser la luz de la luna, que, en compensación, dibuja mejor las siluetas de las cumbres y hace más profunda la negrura de la caldera.

En La Palma la limpieza de los cielos nocturnos es un bien digno de ser protegido. Así lo manifiesta la «Declaración sobre la defensa del cielo nocturno y el derecho a la luz de las estrellas», la Declaración Starlight, firmada aquí en 2007. Coherente con esa declaración, la isla cuenta con una Ley del Cielo, que regula la iluminación urbana, con la obligación de que las luminarias proyecten sus haces hacia abajo y nunca se levanten por encima del horizonte. Y aunque mirar al cielo es una de las aficiones más antiguas, de acuerdo con los tiempos se ha convertido también en una actividad turística. Bajo la marca Starlight se ha creado una red de dieciséis miradores por los que en las noches estrelladas pululan grupos guiados por expertos, armados de telescopios, cámaras y mapas celestes. La Cumbrecita, el mirador de los Andenes, entre otros, son buenos lugares. Aunque, en realidad, cualquier punto de la ruta que asciende al Roque de los Muchachos y serpentea por los bordes de la caldera es perfecto para detenerse y mirar al cielo.

Pero no hay mejor prueba de la calidad de los cielos nocturnos que la presencia de uno de los complejos de observatorios astronómicos más importantes del mundo. En la ladera norte del Roque de los Muchachos, al borde de la caldera, se encuentra una peculiar ciudad terrícola, con extraños edificios, cúpulas giratorias que albergan los telescopios más potentes que observan el cosmos en cualquiera de los rangos del espectro electromagnético —infrarrojo, luz visible, rayos X, gamma—, paneles de espejos que captan hasta el último fotón que llegue desde el espacio profundo. El conjunto está gestionado por el Instituto por el Instituto Astrofísico de Canarias (IAC), hermano de otros complejos estelares que, quizá no por casualidad, eligen las cumbres de los volcanes para escudriñar el cielo nocturno, ya sea en Hawái, en los Andes o, más cerca, en el borde de las Cañadas del Teide. Allí donde estén, los científicos buscan lugares limpios en los que encaramarse. Los telescopios de La Palma son, por tanto, un freno a la urbanización del entorno inmediato, una garantía contra la masificación turística. Pero esto tiene un coste, y al elegir entre los intereses de los aficionados a la ciencia y los de los científicos profesionales, el tamaño de los telescopios cuenta. A fin de preservar las condiciones de oscuridad perfecta, el acceso a la cumbre del roque está muy limitado durante la noche, para evitar que los haces de luz de los coches interfieran en las observaciones. Pero, en realidad, eso no importa mucho. Para mirar a las estrellas basta con apartarse un poco de las rutas transitadas, levantar la vista, olvidarse del tiempo y esperar hasta el amanecer desde cualquiera de las alturas de esta isla levantada sobre un mar de nubes.

))) EL SONIDO DEL BOSQUE

Pero el siseo del viento en las acículas no es el único sonido que se escucha en estos bosques. Con la brisa, por el pinar corre un sonido quejumbroso cuando las gruesas cortezas rozan entre sí. El murmullo del agua se escucha también por todas partes, un lujo poco frecuente en el archipiélago. El sonido abierto de las fuentes, manantiales, cascadas y arroyos que serpentean al aire libre, junto al murmullo cerrado del agua que discurre por la red de galerías, tuberías y acequias cubiertas. Y sobre ese escenario sonoro, el conjunto de las voces de la biofonía forestal más variada de Canarias; dentro, claro está, de la relativa monotonía de las islas.

Siempre con el rumor del agua al fondo, en los pinares cantan los pájaros forestales. Los herrerillos comunes de La Palma no son tan comunes. Pertenecen a una especie única, la variedad isleña, y eso se refleja también en su canto, algo diferente al de las demás variedades de otras islas. «Alegrías» los llaman por aquí. Se escucha también el canto lánguido, deslavazado, de los petirrojos canarios. Llaman los pinzones vulgares y por todas partes se escucha un bisbiseo agudo, difícil de percibir si se tiene el oído duro. Son los reyezuelos canarios, diminutos, invisibles, siempre presentes por medio de su voz. En los raros terrenos abiertos, en mesetas, bancales de las antiguas explotaciones, como en las casas de Taburiente o en Tenerra, se arremolinan los bandos de canarios silvestres. Por todas partes, la doble nota sincopada del mosquitero canario —¡chiff-chaff!—. El parloteo líquido de una curruca capirotada completa el elenco forestal. Y muy arriba, por encima de las copas y casi a la altura de las crestas, resuenan los maullidos de una pareja de ratoneros en vuelo coronado.

En lo más alto, por las cumbres y los bordes espeluznantes de las degolladas, donde el viento lo domina todo, dos voces ásperas, con aristas, armonizan bien con el paisaje. Graznan los cuervos, casi todos ellos merodeando en torno a los turistas y sus suculentos desperdicios. Y restallan los chasquidos secos de las chovas piquirrojas, las «grajas», en la denominación isleña, que de todas las islas Canarias solo han elegido esta para vivir.

Un cuervo asomado en el borde exterior de la caldera.

DIQUES VOLCÁNICOS

Un entramado de líneas grises, verticales, sobre todo, pero también horizontales, inclinadas o retorcidas, aflora en las laderas desnudas, visibles por encima de los límites del bosque. Son los llamados «diques volcánicos», láminas más o menos gruesas de lava endurecida, inyectada a presión en las fisuras del terreno, que han resistido mejor el desgaste de la erosión. A veces afloran como tapiales que encierran terrenos arenosos. Otras están integradas en las rocas más duras. Algunas son hilos finos que conectan las estructuras más grandes. Son la urdimbre de la montaña, la estructura que mantiene en pie todo el edificio. En los orígenes, inyectados en la roca por la presión de la cámara magmática, desgajaban las montañas. Pero con el paso del tiempo, el gran escultor, los diques han cambiado su papel y ahora actúan como el andamiaje que sostiene todo el edificio. Sin ellos los derrumbes serían más frecuentes, caerían secciones enteras de montaña y, quién sabe, quizá no habría aquí un parque nacional.

bit.ly/41XlBOu

El oído en la piedra

TEIDE

No hay que ir muy lejos para sentirse en otro planeta, aunque inmediatamente se entiende que este es el planeta verdadero. Uno cree al comienzo que de la isla brotó un día el volcán, pero después comprende que en realidad fue el volcán reventando el que formó la isla. Este manto arrojado alrededor viene del magma de las profundidades.

Alexander von Humboldt, en el Teide.

Solo hay un punto en el parque nacional desde el que el Teide no domine el horizonte: la cima del propio pico, a 3.718 metros sobre el mar. Su forma cónica es lo primero que ve el forastero al llegar a Tenerife, en avión o en barco. Y a menudo es lo último que mira al abandonar la isla. Muchas veces por encima de un estrato horizontal de nubes. No solo es la montaña más alta de España; también de cuantas se levantan sobre las aguas del océano Atlántico. Es tan grande que cuesta imaginar que en el pasado lo fuera mucho más. De cerca da la impresión de ser un edificio a la vez en construcción y en derribo. Una montaña mil veces levantada y otras mil hundida.

El Teide fue declarado parque nacional en 1954, el primero de los canarios. Con 18.990 hectáreas de superficie, sus límites se ciñen con naturalidad a la orografía, una llanura, las Cañadas, encerrada dentro de un ciclópeo anillo de escarpes en cuyo centro se yergue el edificio volcánico, formado por los picos Teide y Viejo, o Montaña Chahorra (3.134 metros).
Cuando en el año 1899 Alexander von Humboldt ascendió al pico, sus anfitriones en la isla lo miraron como a un excéntrico. Ninguno de ellos había subido, ni siquiera aquellos que se ofrecieron a ejercer de guías. Más de dos siglos después, en cambio, el número de turistas que visita cada año el parque nacional, en guaguas y vehículos privados, supera los cuatro millones. Es, de lejos, el eslabón de la red que sufre una mayor presión turística. En nuestra relación con la naturaleza los humanos no tenemos término medio.

El Teide es solo la cima actual del volcán que formó una isla que nace en el fondo oceánico, desde fisuras abiertas en la corteza oceánica, tras infinitas erupciones; con sus raíces a 3.600 metros de profundidad y la cúspide 3.717 metros por encima de la superficie. La suma de altura y profundidad arroja una cifra aproximada de siete mil trescientos metros, lo que convierte al conjunto de la isla en la tercera montaña de una pieza más grande del planeta, después del Mauna Loa y el Mauna Kea, ambos en Hawái.

El edificio volcánico se yergue en el centro de un anillo elíptico de roca, dos semicircos cerrados por un formidable escarpe de cientos de metros de altura. Son los restos de una doble caldera gigantesca, de seis mil metros de altitud, que colapsó y se deslizó hacia el mar, valle de la Orotava abajo. Los tsunamis debieron de ser colosales. Las ruinas de ambas calderas están unidas por lo que hoy forma la hilera de los Roques de García. Un auténtico museo de geología con diques volcánicos, pitones testigos de antiguas chimeneas volcánicas, fonolitas, coladas y torres de columnas basálticas apiladas como fardos (la Catedral) o pináculos formados por estratificación de sucesivas erupciones (Roque Cinchado).

Y entre todo este caos de cicatrices y canales excavados, una llanura perfecta, las llamadas «cañadas», formadas por la sedimentación de arenas y cenizas compactadas, arrastradas por el viento. Un terreno árido, salpicado de bombas volcánicas, en el que crece un tupido matorral de retamas, codesos y los singulares tajinastes rojos.

Los Llanos de Ucanca.

))) HUMBOLDT Y EL TEIDE

En el año 1799 la isla de Tenerife fue la primera escala de un viaje que habría de cambiar las ciencias de la naturaleza y, con ello, nuestra comprensión del mundo. Alexander von Humboldt y el botánico Aimé Bonpland pararon aquí de camino a las regiones equinocciales del Nuevo Continente, la América Meridional. La aventura que los llevaría a recorrer los Llanos del Orinoco y las selvas del Amazonas y a subir a los volcanes de los Andes comenzó en las laderas del Teide. La escala fue breve, de unos pocos días, suficientes para trepar a la cumbre de la isla y dejar una descripción por escrito que, al más puro estilo «humboldtiano», va de lo general a lo concreto. De la mirada global de la montaña a la descripción al detalle de las historias que contiene la más pequeña de sus piedras.

Como a tantos foráneos de la isla les ha ocurrido, la primera aproximación a Tenerife fue decepcionante. El volcán estaba velado por la pantalla de nubes que señala la cota superior a la que soplan los alisios húmedos del nordeste, los vientos portantes que llevaban a América. Apenas una visión fugaz al descorrerse la cortina de nubes por unos minutos los llevó a cometer una equivocación, ya que los tonos blancos de las pumitas de la cima, la piedra pómez, parecían restos de nieve. Eso les hizo dudar de las posibilidades de alcanzar la cumbre. Pero días después los exploradores iniciaron la ascensión desde la Orotava. Ya entonces Humboldt anota en su diario que toda la isla no es más que una montaña singular, emergida del mar a partir de diferentes episodios eruptivos.

El barón Alexander von Humboldt, *Julius Schrader, 1859.*

Amanece sobre el Teide.

La ascensión fue un viaje de descubrimiento para todos los integrantes del grupo. Incluso para los guías locales —el vicecónsul francés, su secretario y un jardinero inglés—, que al final reconocerían no haber subido nunca a la cumbre. Ascendieron por los senderos serpenteantes de pastores y arrieros, que tiraban por la escarpada ruta más corta para cruzar de un lado a otro de la isla. Un trazado similar, por cierto, al que siguen las carreteras actuales. Humboldt denominó «erial arbóreo» a las matas de monteverde, las laurisilvas de los barrancos, a los bosques de pinos y enebros que forman lo que hoy se conoce como «Corona Forestal del Teide». Y penetraron por el circo de las cañadas por el paso de Gayta, o del Portillo, todavía hoy acceso principal a la vasta llanura. A partir de aquí Alexander abre los ojos a un mundo de maravillas. La visión lejana de la cumbre mostraba un mundo uniforme. Pero la proximidad le informa de una historia reciente de devastaciones. «A cada paso se tropieza con enormes bloques de obsidiana arrojados por el volcán. Todo en derredor aparece desolado y silente; algunas cabras y conejos son los únicos moradores de esta altiplanicie», escribe.

Al anochecer llegan a la base del pico y preparan el vivac, ateridos por el viento frío del norte, asfixiados por el humo de las teas de cedro. Y disfrutan de la visión de la luna que asoma entre las nubes, bajo cuya luz el pico aparecía de repente «con una proximidad inquietante». Reemprenden la ascensión a las tres de la madrugada, alumbrados por el tenue resplandor de las teas. Al cabo de dos horas llegan a la meseta de Alta Vista, ya rebasados los tres mil metros de altitud —años después se construirá aquí un refugio montañero—, y visitan la cueva de hielo donde los «neveros» transportaban a hombros la nieve recogida para después, prensada y transformada en hielo, refrescar las tardes de verano de las ciudades de la costa. Al amanecer transitan sobre un mar de nubes que impide ver el resto de la isla. El tramo final del pico emerge del suelo vaporoso como emerge una isla en el mar, «dispuesto en un plano tan uniforme que producía el efecto de una llanura cubierta de nieve».

En el texto aparece ahora el gran observador. El explorador se convierte en científico y en su diario habla el lenguaje de la geología. Ceniza, piedra pómez, escorias, respiraderos, «que los indígenas llaman las narices del pico», anota, una filigrana mineral en cada peñasco... «Hay tanto que leer en estos piroclastos granulosos, estas lavas porosas, esta espuma petrificada...» Llega al fin a la cresta cimera, «una muralla pequeña y circular hecha de lava porfídica». El viento del oeste sopla con fuerza, «en dirección contraria a la que durante gran parte del año lleva a Tenerife el aire caliente que sube por encima de los ardorosos desiertos de África». La temperatura se desploma hasta los cero grados. «La bóveda azul oscuro del cielo sobre nuestras cabezas, antiguas coladas de lava a nuestros pies; por todas partes escenas de desolación.» Y a lo lejos, en el mar, diseminadas, las islas de La Palma, La Gomera, Gran Canaria y las lejanas Fuerteventura y Lanzarote. La sombra triangular del pico se proyecta por el sol naciente contra el mar de nubes. Del interior de la caldera, un óvalo de noventa y siete metros por sesenta y cinco, brotan «vapores acuosos con un zumbido característico». La geofonía en su cuaderno de campo. Por una abertura bajan al interior del cráter, una solfatara. El frío les congela la cara, pero el calor del suelo, hasta setenta grados centígrados, quema las suelas de las botas, un inconveniente que soporta, dice, sin molestias: «En el cráter el gas sulfuroso nos agujereaba la ropa, quemándola mientras las manos se nos entumecían de frío [...]. El fuego y el agua braman bajo la superficie; observé que salía vapor por todas partes». No es raro, ya que no había pasado aún un año desde la última erupción en la cercana cumbre del Pico Viejo. Y de los detalles a la síntesis: «Uno cree al comienzo que de la isla brotó un día el volcán, pero después comprende que en realidad fue el volcán reventando el que formó la isla».

Al emprender el descenso vieron a algunas abejas que acudían a buscar el calor de las piedras, quizá confundidas por el aroma de los gases sulfurosos. Más tarde, ya en los bosques de La Orotava, tiene tiempo para fijarse en los cantos de los bandos de canarios silvestres, y en el hecho de que «en todos los puntos cardinales, cada bandada de esta especie ornitológica tiene su propio lenguaje». Un comentario que anticipa a Charles Darwin y sus observaciones sobre los distintos pinzones de las islas Galápagos.

El Teide visto desde los pinares de la Corona Forestal.

))) COMO UN MAPA (SONORO) EN BLANCO

Humboldt hizo su recorrido a pie por las rocas y las plantas de Tenerife. Ahora emprendemos otro, a través de los sonidos de un espacio en el que reina el silencio.

Empieza la escucha en el jardín botánico de El Portillo, la entrada principal a las cañadas. Para la mayoría de los nuevos visitantes, aquí se produce el primer encuentro cercano con el pico, mucho más próximo, más grande de lo que se podía imaginar. El Teide domina todo el escenario. Aquí, entre los senderos bien trazados y los ordenados bancales de tabaibas, euforbias, retamas, se escucha un parloteo familiar. Las bandadas de canarios silvestres van y vienen envueltas en reclamos, silbidos y trinos entrelazados. El canto libre de estos pájaros tiene un aire especial, transmite una alegría que no está presente en las voces más elaboradas, bien timbradas, de sus infelices congéneres enjaulados.

A partir de aquí, más allá del ruido del tráfico de fondo, la excursión por el paisaje sonoro atraviesa vastas extensiones de silencio. El escenario más grandioso para el concierto más minimalista. Caminando por la pista de Siete Cañadas, que en realidad son muchas más, al pie del escarpe de la vieja caldera, las voces de las aves se escuchan muy espaciadas, salpicadas por el terreno. Como si supieran que no hay nadie a la escucha. En los alrededores de alguno de los pocos puntos de agua, como la Fuente del Riachuelo —quizá la única corriente natural en superficie de todo el parque—, puede que haya algo más de animación. Con suerte, un cernícalo vulgar gritará desde los riscos y algún bandito de vencejos unicolor arrastrará sus chillidos sobre la cresta cimera. Invisible en un arbusto, un mosquitero canario, el «hornero» del Teide, canta su serie de dobles notas sincopadas. Los bisbitas camineros, omnipresentes en todos los espacios abiertos del archipiélago, lanzan su nota afilada. Las voces ásperas de los cuervos armonizan bien con este paisaje negro, requemado.

El sonido, pues, es un bien escaso en estos parajes; tanto, que es lícito ir a buscarlo hasta debajo de las piedras. La geofonía, los sonidos de lo inerte, también aportan algo al paisaje sonoro del volcán. Y lo hace a través de la fonolita, «la piedra que suena», una de las rocas más abundantes, aparte de los basaltos. Se encuentra en largos muros, derrumbes formados por un mineral que cristalizó de una manera tan perfecta que, al golpearlo, produce un sonido entre metálico y cristalino, según el tamaño y la dirección de las aristas. Buscando y escuchando en uno de esos derrumbes se puede hacer una selección de piedras que reproduzca todas las notas de la escala musical. Un «litófono» natural, una especie de txalaparta de piedra. La música de las fonolitas condensa toda la geofonía volcánica: los estampidos, el arrastre de las coladas, el crepitar de la lluvia mineral de cenizas, los retumbos del tremor.

Y de vuelta a la biofonía, las voces de los animales, de alguna parte llega un sonido que recuerda a un resorte metálico, repetitivo, con numerosas variaciones a partir de las notas originales. Una gran variedad de motivos pero un mismo timbre. Se trata de un alcaudón norteño, un pájaro de plumaje gris, negro y blanco que pasa las horas encaramado en una retama. Con su pico ganchudo y sus garras, parece una pequeña ave rapaz. Y como las rapaces, los alcaudones son unos cazadores incansables. Sus presas son polillas, saltamontes y otros insectos de gran tamaño, pero también pajarillos y lagartijas pequeñas. A veces, sus reclamos insistentes conducen a un descubrimiento siniestro. Estos pájaros son conocidos por la costumbre de empalar a sus presas en las espinas de las plantas, a la manera de pequeños condes transilvanos. Acumulan así comida en una despensa y se sirven de las espinas como herramienta, como banco de trabajo en una sala de despiece.

El recorrido en el sentido de las agujas del reloj nos coloca frente a la ladera tiznada de negro de las Narices del Teide, la fisura por donde el volcán revivió hace dos siglos. Y allí, entre las escorias de piedra pómez, coladas y bloques fragmentados, un pino solitario se levanta sobre el caos. Impulsadas sus semillas, sin duda, por algún ave, crece en completa

Naturgemälde,
una pintura de la naturaleza

Yale University Library

Una de las aportaciones de Humboldt a la comunicación científica son los *Naturgemälde,* pinturas de la naturaleza concebida como un microcosmos. Láminas con toda la información disponible para describir un paisaje, transcrita sobre un dibujo del perfil de una montaña, una isla, un volcán. Cuando Humboldt inició su viaje, aún no había desarrollado el concepto de la naturaleza como una totalidad unida. Pero su mirada, las descripciones anotadas minuciosamente en su diario, ya apuntaban en esa dirección. Años después, mientras escalaba volcanes en los Andes, concibió esta forma de representación, en la que las plantas aparecen distribuidas por pisos altitudinales, en relación con su entorno y no con la clasificación taxonómica habitual. Los *Naturgemälde* conectan la ciencia con el arte y anticipan la visión moderna de los ecosistemas como un todo que funciona por la suma de muchos entes individuales.

Con sus datos apuntados, a manera de guion, y los de otros botánicos, elaboró este perfil de la isla de Tenerife. La montaña seccionada es el lienzo donde se escriben los nombres de todas las plantas, agrupados en diferentes «regiones», lo que después se conocería como «pisos de vegetación»: la región de las plantas africanas, la de los viñedos y los cereales, la de los bosques de laureles, los pinos canarios y la de las retamas, ya en la llanura de las cañadas. Detrás del Teide, difuminada al fondo del cuadro, se ve la silueta del Pico Viejo, la montaña Chahorra; alrededor, los escarpes de las cañadas y el cerro de Izaña, donde en la actualidad están instalados los telescopios del Instituto Astrofísico de Canarias. Y a lo largo de la línea de ladera, una ilustración en un estilo ingenuo de los pisos de vegetación y algunos ejemplares singulares, exactamente a la altura donde los visitó. Es significativo que el último apunte, ya casi en la cumbre afilada del pico, sea para la delicada violeta del Teide, que solo crece en las laderas rocosas por encima de los dos mil quinientos metros, endémica de este paisaje hostil. Nada, ni lo más delicado, quedaba fuera de su estudio.

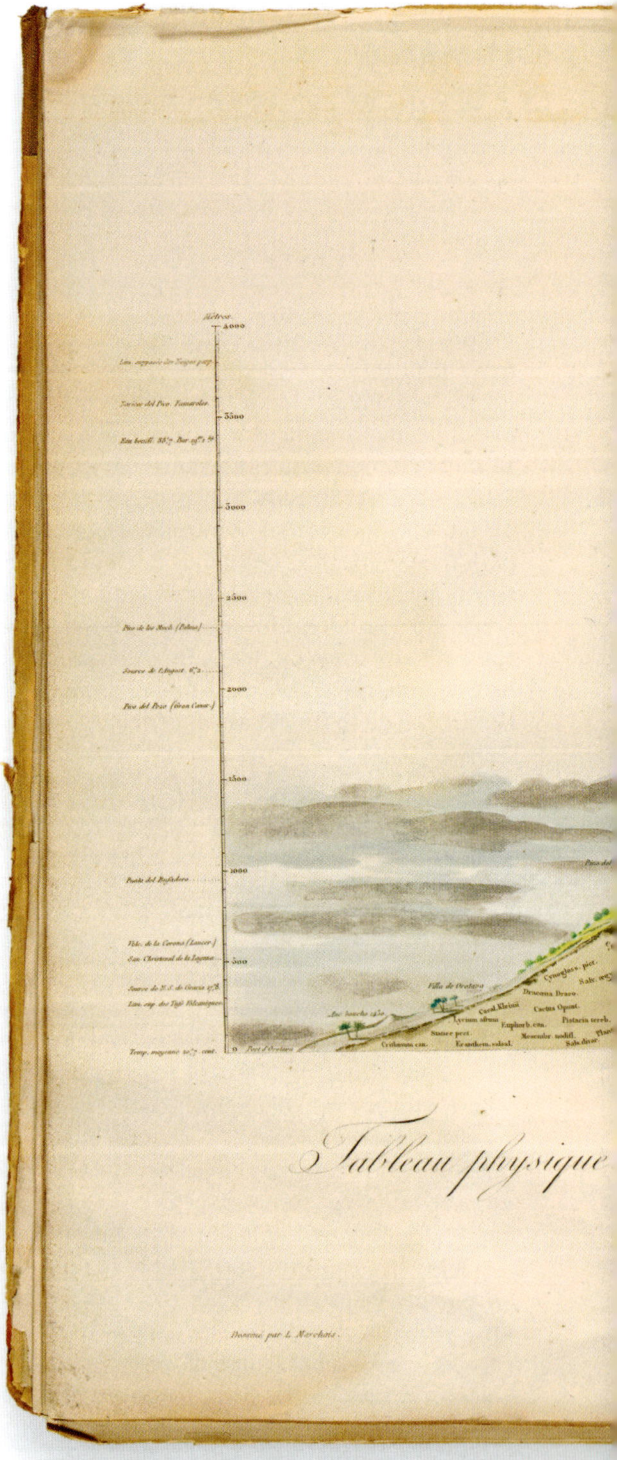

Cime du Pic de Ténériffe
Toises
Canaries. Géographie des Plantes du Pic de Ténériffe.
(Latitude 28° 16′ 53″)
ée sur les observations de Mrs. Léopold de Buch et Chr. Smith.
De l'Imprimerie de Langlois
Gravé en couleur par L. Coutant; l'Écriture par L. Aubert 1817

soledad en la ladera del volcán. Un punto verde en un paraje gris y negro. No consta que en sus ramas haya cantado nunca ningún pájaro. Donde sí lo hacen es un poco más abajo, en las arboledas dispersas que asoman a las cañadas por la abertura noroccidental; por el mirador de Samara, por ejemplo. Estas arboledas no tienen la densidad necesaria para ser consideradas bosques. Son la avanzadilla dispersa de la espesa masa de pinares de la Corona Forestal, la banda que ciñe las laderas exteriores. Suben por las vaguadas de picón, donde la humedad del suelo es un poco mayor y las nieblas se encajan por más tiempo. Es curioso que, a diferencia de otros pinos, los canarios lleguen a su límite altitudinal superior con porte todavía arbóreo, sin achaparrarse, como es común, por la exposición, a tronco descubierto, a los vientos. Y en sus ramas se oye una versión muy simplificada del concierto forestal. Como en todo el parque, parece que nadie responde a las llamadas. Pero aun así lo intentan, tenaces, unos pocos pinzones azules, la variedad endémica de la isla de este pájaro único de Canarias. Se escucha también la doble nota repetida del mosquitero canario. Y el inesperado tamborileo de los picos picapinos, unos pájaros carpinteros que hacen sonar la madera en un mundo donde reina el silencio mineral.

))) LOS CEDROS CANARIOS Y EL HAMBRE DE LOS CUERVOS

Un cuervo llama la atención con sus graznidos —¡graaaak!— y corretea confiado entre las guaguas y los coches aparcados en la rotonda de los Roques de García. Va detrás de algún trozo de pan, cualquier desperdicio comestible, que siempre será mucho más apetitoso de lo que pueda encontrar por estos campos desérticos. Y, en efecto, hay comida de sobra, por lo que sus graznidos atraen a otros cuervos, que reclaman su parte. Y en ese mismo momento, por los extraños vericuetos de las relaciones ecológicas, una semilla de uno de los escasísimos cedros canarios ha perdido la oportunidad de germinar.

Apenas queda un millar de estos árboles, desperdigados, enriscados en sitios inaccesibles. Los pies femeninos separados de los masculinos, lo que complica aún más los encuentros para la polinización. Sobrevivieron a los fuegos de los volcanes, pero también a los de las hogueras. Sus teas cargadas de resina iluminaron las noches de los pastores y las acampadas de los expedicionarios. Sobrevivieron a la demanda de madera para la construcción y, sobre todo, al diente del ganado. Y todo eso lo consiguieron con la ayuda de algunas aves.

En la flora silvestre son muchas las especies que producen unas semillas duras, acorazadas, a las que les conviene pasar por el tracto digestivo de los animales. Los jugos gástricos reblandecen así la cáscara, lo que facilita la germinación y amplía

Alcaudón norteño.

Cedro El Patriarca.

el radio de propagación. Los cedros canarios se encuentran en ese listado. Ofrecen sus frutos a sus aliados, los cuervos de las cañadas, para que después, con las urgencias comprensibles, estos se dediquen a la propagación. Las aves vuelan de acá para allá, se posan en los riscos donde nunca llega nadie. Y, a veces, evacuan las semillas reblandecidas en alguna oquedad donde el viento ha acumulado la tierra suficiente para que germine. La distribución errática de los cedros canarios es consecuencia del hambre de los cuervos.

En el pasado estas aves eran mucho más abundantes. Las cañadas siempre fueron un paisaje ganadero. Aquí pastaban las cabras, cruzaban las reatas de caballerías en sus viajes de un lado a otro de la isla. Y al paso del ganado siempre hay bostas cargadas de semillas sin digerir, un reclamo irresistible para los cuervos. Pero con el ganado se fueron las aves y los cedros perdieron a su principal aliado. La llegada del turismo alteró aún más las condiciones de este acuerdo de intercambio. Desde entonces un cuervo que haya probado las *delicatessen* de la comida basura moderna no querrá volver a llevarse un fruto de cedro al pico. Las aves bien alimentadas son ahora un freno para la propagación forestal. No hay, por tanto, que dar de comer a los animales.

Los cuervos no son los únicos colaboradores involuntarios en la propagación de los cedros. También lo son los alcaudones, aunque en su caso a través de las semillas contenidas en los estómagos de sus presas. Y un tercer propagador revolotea alrededor del volcán, y parece que su presencia es cada vez más habitual en los últimos años. En invierno llegan a las cañadas los mirlos capiblancos, negros como sus parientes comunes, pero con un collar blanco en el pecho. Unos pocos pájaros se desvían de su ruta migratoria por el sur de Europa y la costa africana y recalan aquí. Les gustan los riscos, los parajes desérticos de montaña y las soledades. Y también ellos comen semillas y las propagan previa maceración en los jugos gástricos.

Así pues, igual que los árboles establecen contacto entre ellos a través de las raíces, formando lo que se denomina la «red social del bosque», la *wood wide web,* los pájaros trazan también en el aire una red de comunicaciones con hilos invisibles.

))) ENJAMBRES SÍSMICOS

La montaña tiene aún mucho que decir. Arriba, en la hondonada del cráter, las fumarolas continúan echando vapores. Las erupciones son frecuentes, incluso a escala histórica. En 1798, un año antes de la visita de Alexander von Humboldt a la isla, se abrieron las Narices del Teide, las fisuras que esparcieron las lavas negras por las laderas del Pico Viejo. La última tuvo lugar en 1909, en Chinyero, fuera del parque nacional pero dentro del edificio volcánico. La actividad parece que atraviesa un cierto repunte. Viene avisando desde hace años, pero en el mes de enero de 2025 el Teide ha lanzado nuevas señales. Los sismógrafos han detectado una sucesión de enjambres sísmicos, series de pequeños terremotos en profundidad con una periodicidad por encima de lo normal. Señal de que algo se está cociendo ahí dentro, entre diez y cuarenta kilómetros bajo la corteza terrestres. Nada alarmante, solo un recordatorio de que el ciclo de creación y destrucción no ha concluido. La lista de erupciones históricas y el aspecto geológicamente juvenil del paisaje no dejan lugar a dudas. El Teide no engaña.

Pico Viejo, o Montaña Chahorra, con el Teide al fondo.

ROQUE CINCHADO

Foto síntesis del parque

Los Roques de García son los restos de la antigua división entre las dos semicalderas que, al colapsar, dieron lugar a las cañadas. Los roques son un largo alineamiento de pilones y estructuras verticales, restos de las lavas que solidificaron en grietas y conductos de salida del magma. Más duros que los materiales exteriores, que desaparecieron, llevan más de 180.000 años sometidos a la erosión de la lluvia y el viento. Son, por así decirlo, los restos de las columnas que sostuvieron el colosal edificio volcánico que, al colapsar y deslizarse hacia el mar, abrió el circo de las calderas y despejó el terreno para la ascensión del Teide. El Roque Cinchado es el más conocido, y, excepcionalmente, su origen es distinto, ya que no está formado por lava inyectada en una fisura, sino por la acumulación de sucesivas capas de materiales. El perfil de estratos paralelos, modelado por el tiempo, es una especie de cronología mineral tallada al pie del pico, más joven, mucho más alto. La imagen combinada de la ruina y el nuevo edificio resume bien el dinamismo de creación/destrucción de este lugar. «Algo menos que arte, pero algo más que muda geología», escribió William Ospina.

bit.ly/4hIKL9w

(((El aire es agua)))

GARAJONAY

Raso de la Bruma. El chaparrón pasó, pero bajo las copas sigue lloviendo. Un fuerte viento arrastra la niebla entre los árboles. Y en esta atmósfera fantasmal, unos pocos minutos al aire libre son suficientes para entender la razón por la que están aquí estos bosques. Como los grandes árboles, como el sotobosque que tapiza el suelo, estamos empapados. Por las superficies de la ropa impermeable escurren chorros de agua, igual que lo hace sobre las hojas planas de los árboles. El resto de las prendas y el cabello son esponjas mojadas, como los musgos y líquenes que cubren los troncos. Los paraguas no sirven de nada cuando todo el aire es agua. Cualquier objeto que llevemos a mano —un mapa, una cámara de fotos, un micrófono...— multiplica la superficie para retener la humedad, igual que hacen los helechos. Las botas mojadas dejan sus huellas en un suelo empapado. Cesa el viento, la niebla se detiene. Puede que arriba, sobre las copas, luzca el sol; pero aquí abajo, a la sombra, la sensación es de inmovilidad. Nada se mueve, nada suena, salvo el crepitar de las gotas de esta segunda lluvia.

El Parque Nacional de Garajonay fue declarado como tal en 1981. Sus 3.986 hectáreas están comprendidas entre la cota máxima del Alto de Garajonay, a 1.487 metros sobre el mar, y los 725 de los barrancos inferiores. Una franja de altitud que coincide, casi exactamente, con los márgenes del mar de nubes. Ni un solo palmo de terreno cae fuera del dominio forestal. El clima y los volcanes explican su presencia aquí; las vistas de los roques y los barrancos son impresionantes. Pero Garajonay es un parque íntegramente dedicado a la protección de un bosque que es casi un fósil viviente.

El desierto del Sáhara, el más extenso de la tierra, está a unos quinientos kilómetros hacia el este. Las islas áridas, Lanzarote y Fuerteventura, un poco más cerca. Incluso en la misma isla de La Gomera hay barrancos áridos, con palmeras, huertos en bancales y un aspecto que recuerda a las montañas del norte de África. Pero en su parte más alta, en lo que a primera vista parece una altiplanicie pero que en realidad es un terreno confuso de barrancos entrecruzados y algunas lomas, arraiga una selva tropical. Siempre verde, húmeda, de color esmeralda por arriba, en sombra perpetua bajo las copas. Es el monteverde canario, una laurisilva formada por árboles de hojas de perfil lanceolado, como los laureles. Garajonay es la masa más importante del archipiélago, después de que los estragos producidos en las otras islas de clima húmedo diezmaran estas selvas. Son bosques más antiguos que la isla donde arraigan. Similares a los que se extendieron por el sur de Europa hace cuarenta millones de años, entre el Mioceno y el Plioceno, diez millones de años, por tanto, antes de que el volcán que generó La Gomera emergiera del mar. El análisis de plantas fósiles halladas en el sur de Europa muestra que las especies actuales están directamente emparentadas con aquellas que cubrieron la región mediterránea. Con los cambios climáticos y las glaciaciones, las laurisilvas migraron al sur y se extendieron por el conjunto de archipiélagos de la Macaronesia, la región atlántica que incluye Madeira, Azores, Cabo Verde y las Canarias. Y encontraron en los barrancos y cumbres de esta isla volcánica pacificada, a la altura exacta de las nubes, barrida por las borrascas del oeste, su último refugio. Su isla desierta.

La razón para explicar la existencia de estas selvas es, por tanto, el clima. En esta zona del océano los temporales del invierno descargan una buena cantidad de agua, entre seiscientos y ochocientos litros por metro cuadrado. Durante la primavera suele llover poco, y en verano, casi nada. Se trata, pues, de un modelo climático similar al del Mediterráneo, si acaso más suave, pero que allí da soporte a una vegetación dura, de hojas coriáceas, como las encinas, capaces de reducir drásticamente el consumo estival de agua. Aquí, en cambio, lo que crece son selvas exuberantes, bosques de hojas planas, siempre verdes, necesitados de un riego continuo. Y la respuesta al enigma está en el viento. En la humedad convertida en nieblas que llegan a la isla todo el año, impulsadas por los vientos portantes del nordeste. Que, no por casualidad, soplan en la misma franja altitudinal a la que la erosión geológica rebajó la meseta central de la isla. La niebla cubre las cimas de La Gomera en cualquier época del año; son máximas en invierno, cuando las cumbres y los barrancos escurren agua por todas partes. Pero es en primavera y verano cuando se vuelven cruciales al asegurar un mínimo aporte de agua en la larga sequía estival. La atmósfera saturada de humedad refresca el ambiente y detiene los rayos del sol, lo que hace disminuir la tasa de evaporación. Es cierto que, como veíamos en los bosques de La Palma, el pino canario tiene en sus acículas el diseño más eficaz para captar el agua de la niebla. Pero entre las coníferas el aire circula con libertad, en el suelo apenas crece el sotobosque, las microgotas de agua no encuentran superficies en las que detenerse. Por el contrario, las laurisilvas, en su conjunto, son auténticos sumideros de agua. Lo que pierden en eficacia lo ganan por la extensión de la superficie dedicada a captar la humedad. Las hojas anchas de las copas cubren todo el espacio y frenan el viento que arrastra la niebla; en el sotobosque, siempre umbrío, los musgos y líquenes actúan como esponjas; los helechos multiplican mil veces la superficie para retener la humedad. Todo el bosque colabora en la captura de agua. Además, la vegetación consume menos agua de la que absorbe, excepto en los momentos de mayor insolación veraniega. El sobrante empapa los suelos, escurre por vaguadas y gargantas, se despeña por cascadas y va a dar de beber a la vegetación, los huertos de los barrancos que, como contrafuertes, sostienen la meseta de Garajonay.

Estamos, pues, en un territorio cuidado por un clima templado, sin grandes altibajos estacionales, regado con generosidad a lo largo de todo el año. Cuando se dan las condiciones, el bosque siempre responde. Por su aspecto, la laurisilva puede parecer un bosque simple, formado por pocas especies. Pero sin ser especialmente diverso, cuenta con unas veinte especies arbóreas, casi todas muy similares, con hojas planas, lanceoladas y lustrosas. Los árboles más abundantes, aparte de unos brezos blancos arbóreos gigantescos, son las llamadas «hayas», que nada tienen que ver con las continentales; los aceviños, emparentados, como sugiere el nombre, con los acebos; los viñátigos, familiares del aguacate, que aportan los árboles más grandes del conjunto, y los tiles, gigantes que buscan las zonas más umbrías y frescas. Bajo todos ellos, y en menor número, a menudo como especies de cortejo, crecen los loros, de hojas de laurel, barbusanos, mocanes, palos blancos, tejos, sanguinos, adernos, sauces follados y algaritofes, entre otros. La sonoridad de la laurisilva también está en los nombres de sus árboles. No es fácil distinguir unos de otros, salvo que el ojo experto se fije en los frutos y en detalles de la coloración y la forma de las hojas.

Pero, pese a tanta variedad, el aspecto general del monteverde es siempre el mismo. Una floresta de árboles retorcidos, muchos de ellos caídos y todavía vivos. Bajo una atmósfera apagada, umbría, uniforme, interrumpida aquí y allá por rayos de sol que se cuelan por las grietas del dosel y hacen brillar el verde en todas sus tonalidades. Que acumula más madera muerta que viva, siempre en constante regeneración. Como en todas las selvas, la tasa de reposición es muy acelerada. El mismo viento que trae el agua abate los ejemplares más viejos, que se descomponen rápidamente y dejan espacio y luz para que sus propios retoños broten de la cepa del árbol caído. Y por todo el suelo forestal, o agarrado a los troncos, un manto de líquenes, musgos, hepáticas y helechos que rezuma más agua de la que es capaz de absorber.

Protea cynaroides.

))) DEL RECLAMO DE LA BECADA A LA CANCIÓN DEL MIRLO

Al atardecer en el barranco de Fuensanta, en el borde de una carretera ya sin tráfico, uno de los pocos lugares desde los que se consigue ver el cielo. Si es que llega a levantar la niebla. Horizonte sombrío, el viento crepitando en las copas: la laurisilva es un espacio fantasmal. De vez en cuando, una rama podrida cargada de agua chasca y cae con estrépito. Todavía de día, el coro de los mirlos entona su última composición. Parece que se despiden con todas sus ganas antes de callar hasta la mañana siguiente. Es la hora, justo antes de que todo se convierta en sombras, en la que comienza la parada crepuscular de la becada. Habitante de lo más

Helechos de laurisilva.

Grietas de timidez

Vista desde el interior, la bóveda de la laurisilva es un dosel continuo, con los árboles respetando escrupulosamente sus límites. En la zona de contacto, el roce continuo de los bordes provoca la caída de las hojas exteriores, abriendo así una estrecha franja, una distancia de respeto. Es como si los árboles se negasen a tocarse. Los botánicos lo denominan «franjas de timidez», y, por el momento, nadie sabe muy bien qué ventajas obtienen los árboles de este distanciamiento social en las copas. Ellos, que lo comparten casi todo por las raíces.

Sea por lo que sea, la separación entre árboles es muy evidente desde arriba, en visión cenital, desde donde el monteverde aparece cuarteado, como los fragmentos de barro reseco en tiempos de sequía. Y la sequía, por cierto, lleva años afectando gravemente a estas selvas que viven de la humedad constante. Las nieblas se mantienen, pero los temporales invernales ya no son tan previsibles. La precipitación media ha caído entre un cinco y hasta un veinte por ciento en las últimas décadas, según la orientación. Desde cualquier mirador se puede comprobar el daño: amplias extensiones de monteverde viran hacia el color pardo. La laurisilva pierde vivacidad, sobre todo en los bordes de la meseta y el fondo de los barrancos, que tienen menos caudal de un año a otro.

profundo del bosque, tan bien camuflada con su entorno que las plumas parecen hojas, la becada es discreta. Tiene un pico larguísimo —de ahí su nombre, aunque en la isla la llaman «gallinuela»—, una pinza diseñada para rebuscar insectos y lombrices bajo espesas capas de hojarasca. Con la punta provista de terminales táctiles para poder sentir cualquier movimiento que se produzca ahí abajo. Vive siempre con la cabeza agachada, lleva los ojos desplazados lateralmente y hacia atrás, para vigilar el cielo mientras picotea en la tierra. Y al llegar el crepúsculo se dedica a inspeccionar desde el aire la arboleda en la que vive escondida. Vuela en círculos, traza una y otra vez el mismo recorrido, sobrevuela las mismas copas, cruza los mismos claros y tramos de carretera. La becada sigue las rutas dibujadas en su particular mapa del bosque. En la patrulla nocturna gusta de sobrevolar espacios despejados. Va muy rápido, rasando las copas mientras mira hacia atrás, hacia arriba, deslumbrada por la última claridad del cielo, o la luz de la luna y las estrellas; es un misterio cómo evita el choque contra las ramas más altas de los árboles. Y constantemente va lanzando su reclamo de celo: una serie de cortos gruñidos —¡gro!, gro!, ¡grooo!— rematada por un silbido agudo —¡tsiip!—, metálico. Este último es lo primero que se oye, a lo lejos, desde algún lugar del bosque. Pronto, el ronroneo se aproxima y enseguida un ave grande, negra contra la noche negra, con las alas anchas y el largo pico apuntando al suelo, atraviesa el claro, sobrevuela la carretera y se pierde de nuevo en la oscuridad y la distancia. Basta con esperar un poco y se escuchará su vuelta, más o menos por el mismo trazado. El silbido, el ronroneo, el paso de una presencia fantasmal, un ave que aparece en la oscuridad y se pierde en la niebla.

Un mirlo.

La becada no es la única vocera de la noche. En su época de cría, que aquí es bastante larga, por las sombras corren también las largas series de notas de los búhos chicos diciendo ¡buuh!; y la respuesta de las hembras, las «búhas», un gañido agudo que parece regañarnos. Y allí donde se acumule suficiente agua, en un pilón, un embalse como el de Meriga o las orillas del barranco del Cedro, escapa el clamor de las ranitas meridionales canarias croando a coro.

Los insectos de la noche tienen la discreción de dejarse oír poco. Susurros contenidos, estridulares apagados, poca cosa.

Pero, más que nada, la laurisilva es el escenario de los mirlos. En ningún lugar estas aves cantoras, las más musicales —si tal concepto se les puede aplicar a los pájaros—, aprovechan a fondo las condiciones acústicas de la arboleda. El aire frío y húmedo favorece la propagación de las frecuencias agudas. Cada una de las hojas del dosel arbóreo, anchas, gruesas y de superficie lisa y brillante, es como uno de los ladrillos que cierra una bóveda. Ningún sonido escapa de aquí, las notas rebotan y se propagan hacia el interior del bosque, los sonidos brillan. Para vivirlo en primera línea he pasado la noche en el barranco de Meriga. No esperaba que pudiera hacer tanto frío. El silencio perfecto del bosque se rompe en la hora fría del amanecer, cuando madruga un mirlo. Lo primero que emite es una especie de carraspeo, un grito que parece de protesta. Enseguida, varios de ellos se enzarzan durante unos minutos. Y solo al cabo

Pinzón vulgar.

de un rato, cuando sube la claridad, la selva entona su canción. Un mirlo solitario tiene una voz líquida, afinada, armónica. Pero la suma de muchos de ellos crea una auténtica confusión. Cuesta hacer el conteo, pero en ocasiones creo haber escuchado a no menos de veinte cantando a la vez, uno por cada uno de los rincones más profundos del bosque. Y sobre esta melodía confusa, cuesta identificar las otras voces de la laurisilva. Cantan las currucas capirotadas y los petirrojos canarios; cantan los reyezuelos y los herrerillos gomeros, trinan los pinzones vulgares, con una voz muy distinta a la de sus congéneres peninsulares, parecida pero no igual. La omnipresente llamada rítmica de los mosquiteros canarios, tan distinta en la forma, destaca sobre el parloteo ambiental. El aislamiento ha llevado a estos pájaros insectívoros a picotear también entre el néctar de las flores, algo que sus parientes continentales rara vez hacen. Quizá sería el momento de plantearse un cambio de nombre.

Y por encima de todas estas voces, a la altura de las copas, pero por debajo en el tono, el arrullo sordo, bajo, continuo, como de madera, de una de las dos palomas endémicas de la laurisilva: la turqué, muy abundante y repartida por todo el bosque. La rabiche, más rara, prefiere las vistas más abiertas, y habría que ir a buscarla a los barrancos y miradores que caen hacia la parte exterior de la isla.

LA RAÍZ EN LA PIEDRA

(((**Foto síntesis del parque**)))

Cuesta distinguir la roca de la madera. Las dos llevan tanto tiempo envejeciendo juntas que han acabado por fundirse. A diferencia de otras selvas, en las laurisilvas los árboles más viejos no crecen tanto a lo alto como a lo ancho. La base de uno de los viñátigos del barranco de Fuensanta, los más viejos del parque, se ha convertido en un híbrido de lo mineral con lo vegetal. Junto a otro similar colocado a su lado, quizá un vástago del mismo ejemplar original, forma una puerta natural al mundo misterioso del bosque de nieblas. Es el símbolo de este bosque de origen incierto, náufrago en una isla en medio del mar, cerca del mayor desierto del planeta y que le debe todo al soplo húmedo del viento. Un lugar donde el tiempo se paró cuando el último volcán se apagó y empezó un lento proceso erosivo. Todo eso situó las cumbres de la isla en el nivel exacto por el que soplan los vientos húmedos del océano, para dar de beber a estor árboles que, en respuesta, se han convertido en piedra.

LAS PALABRAS DEL PAISAJE

Los términos geográficos, la orografía y la flora describen con precisión el aspecto de los paisajes de cada uno de los parques nacionales. Con un vocabulario recolectado un poco al azar, con términos extraídos de los mapas, de los libros y de algunas conversaciones guardadas en la memoria, se podría hacer una descripción de la naturaleza en España.

Illas Atlánticas de Galicia:
abisal, *arquipélago, baixo, buraco, corrente, cova, enseada,* espigón, fraga, *freu, furna,* gándara, *illa, illote, insua,* lago, *laxe, marea alta e marea baixa,* océano, *penedo, porto, praia,* punta, ría.

Picos de Europa:
agostadero, aguja, argayo, *borrina* o *encainada,* braña, canal, cueto, desfiladero, dolina, *jou,* hayal, invernal, karst, lobera, *llagu,* llamazar, llera, majada, murias, niebla, *orballu,* pico, prado de siega, *puertu,* rabiones y rápidos, sima, surgencia, torca, vega.

Ordesa y Monte Perdido:
abetal, brecha, cañón, cascada, circo, collado, estiba, estrato, faja, ferrata, glaciar, glera, gradas, hoz, ibón, morrena, nevero, pardina, regato y reguera, sinclinal y anticlinal, tartera, tozal, valle, ventisquero.

Aigüestortes i Estany de Sant Maurici:
aigüestortes, agulles, bony, caldes, clot, estany, feixana, foehn, font, gendarmes, llac, molleres, morrena, *noguera, pic, pla, pletiu, puy, racó, tarter,* tremedal, *tossal, tuca.*

Sierra de Guadarrama:
berrocal, bolo, cabezas y cabezos, charcón, chorranca, galayo, granítico, mata tallar, majadal, nava, pando, paúl, pedrera, peñascal, piedra caballera, piedemonte, pinar silvestre, pinganillo, regajo, robledo, tolla, trampal, ventisquero.

Arxipèlag de Cabrera:
alguer, arrecife, *bufador,* cala, *cap, cova,* cresta, *dabaixador, fodeig, foradada, freu, illa, illot, llebeig, mas,* pesquera, *platja, port, prada submarina,* punta, *quarterada,* restinga, *varador.*

Monfragüe:
abertura, boquerón, buitrera, cañada, dehesa, embalse, monte, pliegue geológico, portilla, salto, sierra, solana, tajo, umbría.

Tablas de Daimiel:
acuífero, aguazal, aridez, cañaveral, cauce, desbordamiento, humedal, madre, marjal, masegar, ojos, rasos, secano, surgencia, tablazo, tarajal, toba, travertino, turbera.

Cabañeros:
aguarral, baña, barranca, canchal, cárcava, cascada, cortijo, majano, raña, sierra, soto fluvial, tenada.

Sierra Nevada:
arista, atalaya, bancal, barranco, borreguil, cerro, chorreras, circo, corral, hoya, lastrón, pandera, puntal, raspón, recuenco, roza, trancada, vereda.

Sierra de las Nieves:
abetal, cerro, dolina, lapiaz, loma, nevero, pilón, pinsapar, pozo, portillo, quejigal, sima, ventisquero.

Doñana:
albina, albufera, algaida, aljarafe, almarjal, bajío, brazo, caño, corral, coto, duna, estero, estuario, lucio, madre, marisma, ojos de marisma, orilla, pacil, pajarera, playa, pozo, saliega, salina, vera, veta.

Timanfaya:
aa, almagre, arrecife, azufre, basalto, cráter, ceniza, delta lávico, escoria, hornito, islote, jameo, malpaís, olivino, *pahohehoe,* roca de acreción, rofe, roncador, piroclasto, taro, tremor, tubo volcánico.

Teide:
bomba, caldera, cañada, codesal, cono, corona, fisuras, fumarolas, fonolita, *lapilli,* lava, magma, narices, obsidiana, picón, pómez, retamar, solfatara, sulfuro, tabaibal.

Caldera de Taburiente:
barranco, degollada, deslizamiento, dique, estrellas, fajana, galería, lavas almohadilladas, mar de nubes, mina de agua, morro, naciente, pináculo, pinar canario, pitón, risco, Vía Láctea.

Garajonay:
alisio, altos, anden, bóveda, brezal, bruma, dosel, fayal, laurisilva, lomo, lluvia horizontal, monteverde, niebla, raíz, raso, roque, vaguada.

En esta lista faltan palabras como «alcarria», «altozano», «atochar», «lavajo», «linde», «mambla», «páramo» o «tomillar». Lo que significa que en la red falta un nudo, el que proteja un paisaje tan representativo, tan amenazado y tan poco valorado como el de las estepas, las planicies, los campos abiertos. En la selección de los mejores sitios de la naturaleza faltan, por ahora, los campos.

FUNDIDO A BLANCO

Fin de trayecto

Una espesa niebla se arrastra al pie del mirador de Ordiales, en el macizo occidental de los Picos de Europa, inunda el valle del Amieva, hacia el oeste, y vela los paisajes por donde merodean los lobos. A lo lejos se escucha el retumbo de un trueno. Este libro termina aquí, donde descansan los restos y la memoria de Pedro Pidal, el visionario que hace más de cien años ató el primer nudo de la red de parques nacionales.

En el fondo, la niebla de los Picos no es tan distinta a la que se arrastra y oculta otros lugares. La niebla fría, pegajosa y grisácea cuando emerge del agua al amanecer en los marjales de las Tablas, contra la que se confunden las grullas grises. La bruma marina que borra las Islas Atlánticas en medio de las rías gallegas. El mar de nubes que divide en dos, como una entreplanta, las partes bajas y las crestas de la Caldera de Taburiente. La llamada «lluvia horizontal» que se cuela por el Raso de la Bruma y riega las laurisilvas de Garajonay. Los estratos de nubes bajas que rellenan el fondo de los valles del Guadarrama en los amaneceres de inversión térmica invernales. Los jirones de vapor deshilachados que se arrastran ladera arriba en Ordesa, se enredan en los árboles y dibujan la orografía del cañón. O las vaharadas de agua pulverizada de las cascadas de Aigüestortes y Sant Maurici, que en el aire gélido del invierno cristalizan y se incorporan a la niebla de las montañas y los lagos. Bancos matinales en Monfragüe, que brotan directamente de la lámina de agua de los embalses y retrasan durante horas, a veces días, el primer vuelo de los buitres. El velo inmóvil que difumina la raña de Cabañeros, la visibilidad cerrada a unos pocos metros, las formas de las encinas desdibujadas. Las nubes que cubren la cabeza del Teide y a menudo dejan un manto blanco de nieve al retirarse. La *boira* marina, tan espesa que ni los faros de Cabrera son capaces de horadarla. Las nieblas que suben por los barrancos de las Alpujarras y arropan las lomas pandas del Mulhacén, la Alcazaba y el Veleta, en Sierra Nevada. O el aire húmedo helado, las cencelladas de la Sierra de las Nieves. El perfil difuminado de las marismas, ni agua ni tierra, ni horizonte ni nube, cuando amenaza lluvia en Doñana y el aire es agua. Y, en fin, la ausencia casi total de nieblas, de nubes, de agua o de cualquier tipo de humedad en el desierto volcánico de Timanfaya, tan bajo que ni los altos vientos portantes, cargados de vapor, se detienen para depositar unas gotas de rocío.

La lluvia se retrasa, pero las nieblas velan ahora las vistas del mirador de Ordiales. El mundo se esfuma a unos pocos metros. Más de doscientas páginas después, cuarenta años más tarde, este recorrido personal por los parques nacionales españoles llega a su fin. De momento, porque cuando levante la niebla y parezca que todo vuelve a empezar, aún nos esperarán muchos nuevos viajes por hacer.

AGRADECIMIENTOS Y REFERENCIAS

Sin los unos y las otras un libro así no sería posible

En el origen de mi trabajo en la Fonoteca Zoológica del Centro Nacional de Educación Ambiental, CENEAM, hoy día integrado en el Organismo Autónomo de Parques Nacionales (OAPN), está José Ramón González Pan, que ha desarrollado todas las funciones imaginables en el entorno administrativo y de la comunicación de la red de parques. No hace mucho recorrimos en tiempo récord la totalidad de la red para grabar, Jesús Huertas a la cámara, unas secuencias sobre paisajes sonoros para la serie de televisión *Parque a Parque*. Pero para mí José Ramón siempre será la persona que, al ofrecerme crear aquella base de sonidos, provocó un giro en mi vida profesional que nunca le podré agradecer lo suficiente. Llegué al CENEAM cuando lo dirigía Juan Carlos Dueñas, que siempre apoyó el desarrollo de lo que habría de venir después.

Vayamos ahora por partes. Fue Javier Sebastián, director por entonces de la Montaña de Covadonga, quien propuso la idea de hacer un CD sobre aquel parque nacional. Así empezó todo, y a su memoria le debo el desarrollo de la serie. En Covadonga y después los Picos de Europa conté con otras ayudas. Agustín Santori, por ejemplo, responsable de uso público del parque, estaba en el grupito que se mantuvo varias horas, conteniendo la respiración, en el cantadero de urogallos de Soto de Sajambre. Covadonga y Antonio Martínez, los pastores de la majada Gumartini, autores del *quesu Gamoneu de puertu,* me acogieron durante unos días mientras yo intentaba comprender el conflicto con el lobo desde el otro lado. Una historia que ya conté en detalle en algún otro sitio.

Por Ordesa y Monte Perdido transité guiado por Luis Marquina, encargado del uso público y de la dirección del parque. Con él me asomé al balcón de la Brecha de Rolando y pasé la noche en vela bajo el glaciar colgado del Cilindro. Y en otro ámbito, en su libro *La montaña y el arte* Eduardo Martínez de Pisón hizo algunos comentarios de admiración sobre el sonido de una tormenta grabada en Góriz, lo que, dada su autoridad inapelable, me induce a pensar que el símil del cañón de Ordesa con una inmensa cámara de resonancia no es del todo desacertado.

Los urogallos, lagópodos alpinos y demás secretos de Aigüestortes y del Estany de Sant Maurici me los enseñó Jordi Canut, por entonces biólogo del parque. Mercè Aniz, la directora, insistió en que conociera a Joan Gil, Juanito de Boí, el guarda legendario que antes había sido pastor.

Los tripulantes del *Talantia,* el pequeño velero con el que costeamos las Islas Atlánticas, eran Enrique Lacasa y Antonio Medina, viejos lobos de mar. La larga cita de Álvaro Cunqueiro es del libro *Fábulas y leyendas de la mar,* de Tusquets Editores. La de Jonathan Balcombe, de su libro *El Ingenio de los peces,* de Arial. *Sálvora, Diario de un farero,* de Julio Vilches, está editado en Hoja de lata.

El permiso para cruzar el Tablazo a pie, en Las Tablas de Daimiel, me lo concedió María Jesús Sánchez, la directora del parque —«¡Allá tú! No te caigas»—, con quien compartí también algunas tardes de aguardo en las orillas, a la espera de que alguien, un pato, una ganga, dijera algo. Con Julio Escudero, el barquero de las Tablas, aprendí a manejar la pértiga. Pero fue Alejandro del Moral quien mejor me explicó cómo funciona este lugar. Fue también él quien acuñó el término «acuateniente» para referirse a los expoliadores de las aguas subterráneas.

Manuel Carrasco y Ángel Gómez Manzaneque, directores sucesivos de Cabañeros, no pusieron trabas a mi sueño de vivir la berrea a lo largo de varias noches, solo en medio de la raña. O de esconderme en el aguardo que vigilaba el nido del buitre negro. Ángel incluso llegó a descongelar algunas ciervas requisadas en monterías ilegales para dar de comer a los buitres, con un micrófono oculto en sus entrañas.

Cuando me vine a vivir a un pueblo de la sierra, Guadarrama aún no era parque nacional. En la larga campaña para conseguir su declaración conocí a muchas personas. Tantas, que supongo que es mejor hacer un resumen. Javier Donés, que dirigía con acierto el Centro de Montes de Valsaín; Juan Vielva, que introdujo la belleza y el buen gusto en su eficaz gestión del Parque Natural de Peñalara. Julio Vías, escritor de alguno de los libros que quienes andamos por la sierra consideramos casi como nuestros cuadernos de campo. Y Eduardo Martínez de Pisón, de nuevo, el sabio a quien siempre escuchamos los que andamos mirando hacia las cumbres y cuyo papel en la declaración del parque nacional fue decisivo. Y no me quiero olvidar de las tazas de caldo y los bocadillos de la Venta Marcelino, en el Puerto de Cotos, el refugio de los montañeros de la sierra.

Conocí Monfragüe con Jesús Garzón. Con él subí por primera vez al castillo; navegamos juntos el embalse del Tajo, desde la presa hasta Almaraz. Incluso sufrimos un pequeño accidente, sin consecuencias, al quedarse sin frenos el cacharro que conducía —un *jeep* Willys destartalado, con un techo desmontable que se convertía en lancha, y que a saber de dónde lo había sacado— en la curva más pendiente de la bajada del castillo. Después, hasta su retiro como director, Ángel Rodríguez tuvo siempre abierta la puerta a todas mis peticiones. Una oferta que nunca dudé en aprovechar.

Una mariposa limonera y una araña Argiope *en su tela.*

La primera vez que visité el archipiélago de Cabrera acababa de ser declarado parque nacional. Todo era nuevo, incluida la ilusión de los que trabajaban allí. Sobre todo la de Pep Amengual, Toni Font y Miquel Frontera, pilotos de las lanchas neumáticas con las que costeábamos y navegábamos por las aguas iluminadas del mar. Años después, Cuca López Cortés pidió al piloto que hiciera la arriesgada maniobra de parar las máquinas en pleno oleaje, dentro de Sa Cova Blava.

Aunque luego he vuelto varias veces, fui a la sierra de las Nieves varios meses antes de su declaración como parque nacional, de la mano de la Mancomunidad de Municipios y guiado por Tomás Rueda.

Mi inmersión original en Doñana fue a través de la Fundación José María Blanc. Luego vendrían los recorridos por la marisma con Héctor Garrido y Laló Cobo, desde su casa del Martinazo. Y los consejos de Miguel Delibes de Castro, de la Estación Biológica de Doñana, para intentar oír a los enmudecidos linces. Si en este país hay un lugar que resume la historia de la ciencia de la conservación, ese es el palacio de Doñana, en realidad un pequeño cortijo perdido en medio de una marisma. Y la oportunidad de alojarme allí varias veces se la debo a José Juan Chans cuando trabajaba en la EBD.

Ana Carrasco y Quino Miguélez, de la Reserva de la Biosfera de Lanzarote, me encargaron unas grabaciones sobre los paisajes sonoros de la isla. Para acceder a los de Timanfaya fue esencial la ayuda de Pascual Gil, el director actual, como en el pasado lo había sido la de Aurelio Centellas. Y la del mejor guía, Juan Morales Reyes.

Toda la información sobre cedros canarios, cuervos, alcaudones empaladores y turistas en el Teide la cuenta mi amigo Juanjo Ramos en su libro *Sucesos de la naturaleza canaria,* editor de Bichomalo Libros.

Las citas de Alexander von Humboldt sobre su ascensión al Teide pertenecen al libro *Del Orinoco al Amazonas. Viaje a las regiones equinocciales del Nuevo Mundo,* traducido por Francisco Payarols, y a *Humboldt y el Cosmos,* traducido por Manuel Crespo. La imagen del *Naturgemälde,* el perfil artístico de la isla de Tenerife, es una reproducción del ejemplar del Atlas del viaje guardado en la Yale University Library. Las citas de William Ospina están en el libro *Pondré mi oído en la piedra hasta que hable,* de Random House, que narra desde una perspectiva más literaria el viaje de Humboldt; el título valdría para abrir la descripción del apartado dedicado a los sonidos de las fonolitas.

En el mirador del Espigón del Roque, asomados a la Caldera de Taburiente, recibí una lección de geología volcánica de Nieves Sánchez, del Instituto Geológico y Minero de España, IGME. Si no entendí del todo bien la enrevesada naturaleza de las rocas, fue solo culpa mía. Heriberto Lorenzo, guarda del parque, nos guio por las retorcidas rutas del barranco de las Angustias.

Pasé una noche de frío y silencio en el barranco de Meriga, en Garajonay, con Jacinto Leralta, guía, y su hijo Gabriel. El amanecer compensó con creces las penurias de la noche. Ángel Fernández, el director, siempre me ha ayudado en todo lo que le he pedido.

Ya en el territorio menos campestre, el de la edición de este libro y de sus sonidos, Rubén Carregal, de Audio Beluga, ha revisado las grabaciones, garantía de que todo suena bien. Juan Logar, maestro y director de doblaje, hizo lo que para corregir las locuciones de las piezas sonoras. Como en otras ocasiones, José María Morales, productor de Wanda Natura, me ha animado a utilizar las grabaciones originales para la sonorización de varios documentales de historia natural, en Doñana, Picos y Monfragüe. Virginia Vázquez revisó los textos y atinó con todas sus sugerencias. También le quiero agradecer a Laura López, mi editora en Anaya Touring, que siga confiando en mí.

PARQUES NACIONALES DE ESPAÑA

© Textos y sonidos: **Carlos de Hita**

Editora de proyecto: **Laura López**
Corrección de textos: **Elsa Otero**
Diseño: **Isaac Gimeno** (lanada.org)

Primera edición: **mayo 2025**

Valentín Beato, 21
28037 Madrid

Depósito legal: **M-7212-2025**
ISBN: **978-84-9158-896-2**

Impreso en España - Printed in Spain

PAPEL DE FIBRA
CERTIFICADA

CRÉDITOS DE LAS IMÁGENES

© **Fotografías:** Abriendomundo / Shutterstock, 94. Adrian_Rojas / Shutterstock, 122. Agami Photo Agency / Shutterstock, 235. Al Carrera / Shutterstock, 236ab. Alberto Gonzalez / iStockphoto, 54. Albertogonzalez / Shutterstock, 69, 201. Alejandro M. Ferrer / Shutterstock, 138. Alexandre Boudet / Shutterstock, 108. Anaya Educación, 186. Anthony Baker / Alamy / Cordon Press, 56. Antonio Cabo / Shutterstock, 31. Antonio Ciero Reina / Shutterstock, 177. Arantxa Forcada / Dreamstime.com, 51. Arnau Soler / Shutterstock, 15a, 131. Astridvfs / Shutterstock, 20. B-Flip / Shutterstock, 202. Bjorn H Stuedal / Shutterstock, 65a. Boukeatema / iStockphoto, 43. Carlos de Hita, 8, 11, 37, 44, 71, 87, 100, 109, 113, 120, 125, 159, 161, 174, 183, 184, 190. 203, 207, 217, 226, 227. Carlovis / Shutterstock, 13, 93. Cesar J. Pollo / Shutterstock, 42. Clauf / Shutterstock, 135b. Cordeant Photography / Shutterstock, 146. Damocean / iStockphoto, 25, 26. David Monge Manso / Shutterstock, 112b. Dmitry Digilin / Shutterstock, 27. Eduardo Estellez / Shutterstock, 112a, 118, 119. Eduardo Viñuales, 86. Falarcon / Shutterstock, 117. Firnthirith / Shutterstock, 24. Forsberg / / Shutterstock, 140. Frade Silva / Shutterstock, 99. Francisco Javier Miranda Cerro / iStockphoto, 91. Geojgomez / iStockphoto, 58. Geza Farkas / Shutterstock, 134. Guentermanaus / Shutterstock, 101. Guillermo Gonzalez / Shutterstock, 22. Héctor Garrido, cubierta, 155, 157. Imag3s 4 U / Shutterstock, 53, 215. Imagebroker. Com / Shutterstock, 223a. Iryna Shpulak / Shutterstock, 199. Ivo Vilnis / Shutterstock, 65b. Jane Rix / Shutterstock, 15b. Javi4x4 / Shutterstock, 144. Javier Ruiz / Shutterstock, 63. Javier Sánchez, 40, 66, 72, 74, 75, 77, 114, 121. Javij / iStockphoto, 46. Jc Aniorte / Shutterstock, 81. Jesus Cobaleda / Shutterstock, 97, 124. Jesus Noguera Photography / Shutterstock, 168, 170, 171, 172, 173, 176. Jfgm / Shutterstock, 32. Jmartinezmoran / Shutterstock, 90. Jose Luis Gallego Aviles / iStockphoto, 166. Jose Luis Vega / Shutterstock, 83. Jose Manuel Gonzalez Delgado / iStockphoto, 218. Jose Miguel Sanchez / iStockphoto, 192. Jose Ramiro Laguna / Shutterstock, 85, 116. Josef Cink / iStockphoto, 70. Juan Antonio Martinez / Shutterstock, 79. Juan Carlos Munoz / Shutterstock, 64a,148, 150, 196. Juaperez / Cc-By-Sa-4.0, 147. Judith Engbers / iStockphoto, 57. Julian74 / iStockphoto, 105, 123. Jvazquezm / iStockphoto, 154. Karol Kozlowski / Shutterstock, 197. Kike.Garcia.85 / Shutterstock, 88, 107. Labetaa Andre / Shutterstock, 60. Lazaro Horta / Shutterstock, 96. Lenar Musin / Shutterstock, 62. Luisa Ferreira / Shutterstock, 50. Lukas_Vejrik / Shutterstock, 164. Maart / Dreamstime.com, 52. Marcin Jucha / Shutterstock, 231a. Maria Madrinan / Shutterstock, 29. Marti Rossello / Shutterstock, 48. Martín, J.A. / Anaya, 143. Melinda Nagy / Shutterstock, 206. Mezzotint / Shutterstock, 194. Michaelutech / iStockphoto, 195. Miguel Moliné Martínez / Dreamstime.com, 145. Miguel Perfectti / iStockphoto, 36. Miguel Perfectti / Shutterstock, 141, 142. Mike Workman / Shutterstock, 35. Neil Bowman / Shutterstock, 135a, 162. Neissl / Shutterstock, 198. Nicoly / Shutterstock, 220. Nikiforov Alexander / Shutterstock, 126, 128, 129, 133. Ninafotoart / Shutterstock, 178. Omagana / Shutterstock, 158. Pablesku / Shutterstock, 61. Pack-Shot / Shutterstock, 222. Photography Stock Ruiz / Shutterstock, 78. Photomarine / Shutterstock, 132. Public Domain, 208. Quintanilla / iStockphoto, 165. Raul Ortega / Shutterstock, 80. Raul2g / Shutterstock, 95. Rédito:Daniel Jara / iStockphoto, 84. Repi123 / Shutterstock, 68. Rg2 / Shutterstock, 228. Roberjzm / Shutterstock, 82. Robert Harding Video / Shutterstock, 180, 189. Rosshelen / Shutterstock, 223b, 225. Rudmer Zwerver / Shutterstock, 64b, 163. Rusm / iStockphoto, 181. S.Vidal / Shutterstock, 28. Sánchez, J. / Anaya, 110. Shaunwilkinson / Shutterstock, 4. Starstuff / Shutterstock, 34. Stefano Politi Markovina / Shutterstock, 45. Stella / iStockphoto, 160. Stockphotoastur / iStockphoto, 39. Stockphotoastur / Shutterstock, 64c. Stu.Dio / Shutterstock, 216. Sueby Sue / Shutterstock, 214. Suxxesphoto / Shutterstock, 210. Tilialucida / Shutterstock, 191. Tolobalaguer.Com / Shutterstock, 137. Tommaso Lizzul / Shutterstock, 204. Tupungato / Shutterstock, 232. Tymofiiv / Shutterstock, 209. Vaclav Matous / Shutterstock, 175. Vicente Suarez Belloch / iStockphoto, 102. Victor Suarez Naranjo / Shutterstock, 224. Wirestock / Dreamstime.com, 104. Wirestock Creators / Shutterstock, 106, 167. Wlad74 / Shutterstock, 187. Yale University Library, 213. Zedspider / Shutterstock, 19, 231b.